CULTURE

DES ABEILLES.

CULTURE
DES ABEILLES

DANS UNE

NOUVELLE RUCHE A ÉTAGES,

COMPRENANT :

1º L'histoire naturelle de ces insectes, leurs curieurs travaux & leur admirable instinct ;

2º La construction d'une Ruche à étages, dans laquelle, par des récoltes d'été, on peut se procurer du miel parfaitement blanc ;

3º La manière de gouverner les Ruches, & les soins à donner aux Abeilles durant le cours de l'année, suivie du Calendrier de l'Apiculteur ;

4º La manipulation & l'usage du Miel & de la Cire.

PAR

M. DUVERNAY aîné,

ANCIEN JURISCONSULTE ,
PRÉSIDENT DE LA SOCIÉTÉ D'AGRICULTURE DE ST-MARCELLIN (ISÈRE).

GRENOBLE ,

IMPRIMERIE DE PRUDHOMME,
Rue Lafayette, 14, au 2e étage.

—

1856.

OUVRAGES DE M. DUVERNAY AINÉ SUR L'AGRICULTURE.

1° Traité sur la culture et spécialement sur la taille des Mûriers, dans les régions tempérées. — Prix.   1 fr.

2° Education des Vers à soie (Résumé des meilleures méthodes d'). — Prix.................................. 1 fr.

3° Notice sur le labourage et sur les charrues Jacquin-Guilloud et Roquebrune, cette dernière propre à défoncer. — Prix.. .... 50 c.

4° Culture des Abeilles dans une nouvelle ruche à étages, propre à récolter du miel blanc en été. — Prix........ 2 fr. 50 c.

5° Notice sur la nouvelle Herse-extirpateur, inventée par M. Duvernay, pour nettoyer les luzernières et pour arracher les chaumes, abandonnant les paquets qu'elle amasse sans arrêter l'attelage, primée aux concours régionaux de Valence et de Grenoble. — Prix.. 50 c.

6° Notice sur un nouveau manége-moteur, à un cheval, inventé par M. Duvernay, pour machines à battre et autres, jouant sans engrenage ni charpente, et dont le prix n'arrive pas à 100 fr. — Prix.. 50 c.

7° Manuel pour la taille du Pêcher. — Prix..... 50 c.

8° La Sténographie rendue facile à écrire et à lire. — Prix.. 2 fr.

9° Notice sur une Bonde simple et inaltérable, propre à fermer parfaitement un réservoir ou une serve d'arrosage.—Prix. 25 c.

Ces ouvrages de M. Duvernay aîné sont rendus *franco*, par la poste, sur demande affranchie, qui peut contenir le prix en timbres-poste.— En prenant un certain nombre d'exemplaires, on obtiendra un rabais très-considérable. — Chez les principaux libraires et chez l'auteur.

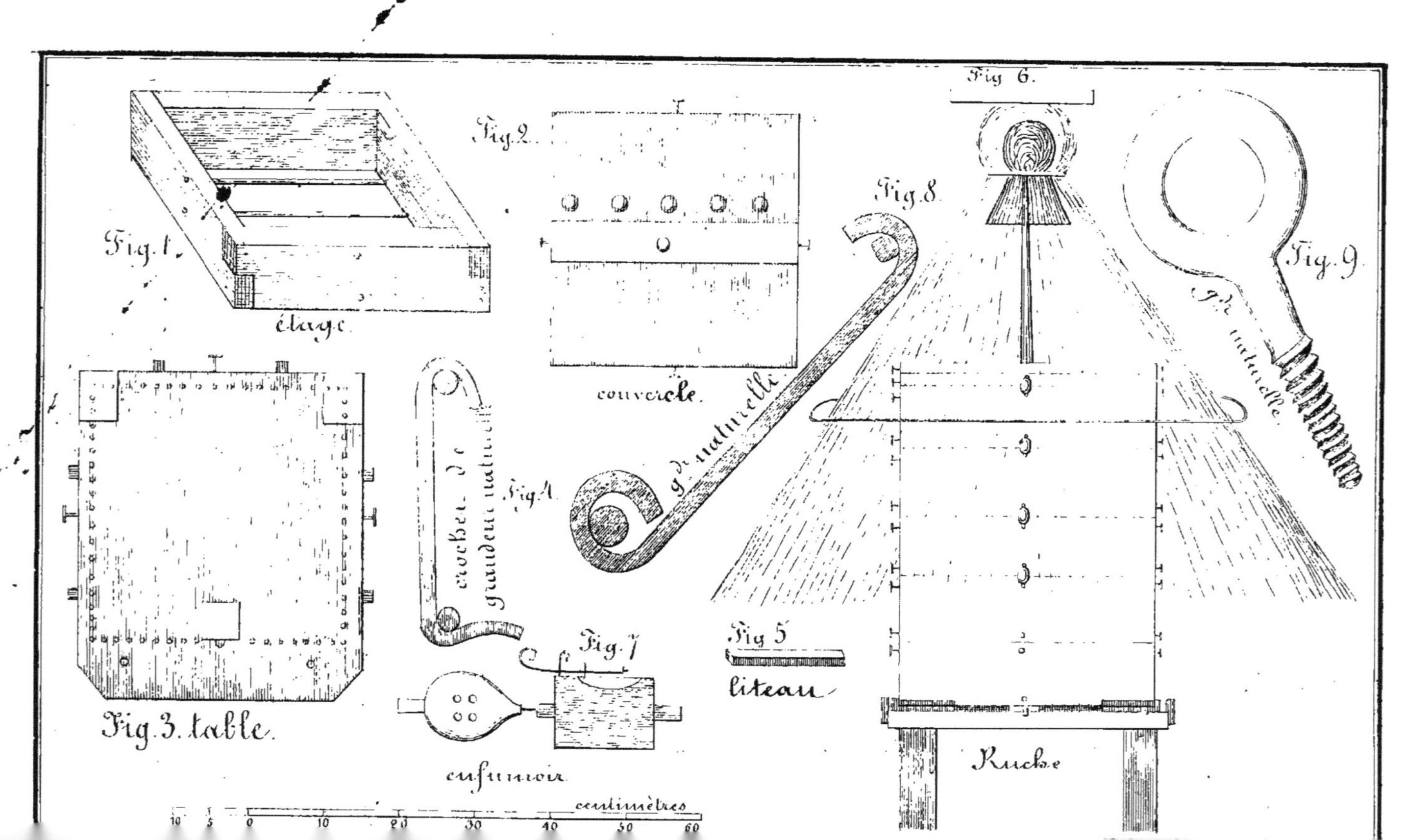
Fig. 1.
étage
Fig. 2.
couvercle
Fig. 3. table.
Fig. 4.
crochet de grandeur naturelle
Fig. 5
liteau
Fig. 6.
Fig. 7.
enfumoir
Fig. 8.
g.r naturelle
Fig. 9.
g.r naturelle
Ruche
centimètres
10 5 0 10 20 30 40 50 60

CULTURE

DES ABEILLES

DANS UNE

NOUVELLE RUCHE A ÉTAGES.

PRÉAMBULE.

1. L'utilité d'un Traité sur les Abeilles n'est pas reconnue de tout le monde. On répète vulgairement que la culture de ces insectes précieux ne demande aucun soin ; et, effectivement, on les voit réussir, certaines années, sans le secours de la main de l'homme. Mais combien plus souvent n'arrive-t-il pas d'accidents et de mortalités qu'on aurait pu prévenir, puisqu'on en a découvert les causes ? Le gouvernement d'insectes si délicats, doués de tant d'instinct et environnés de tant d'ennemis et de dangers, demande, au contraire, des soins journaliers, rendus d'autant plus faciles que la construction des ruches sera mieux combinée avec les opérations à faire.

2. La diligente abeille ne confectionne pas le miel qu'elle nous donne. Elle ne fait que recueillir cette transsudation des fleurs, qu'elle dépose dans sa ruche à peu près telle qu'elle l'a trouvée. Chaque pays fournit ainsi un miel différent, suivant les fleurs qui y abondent.

3. Ayant observé que le miel que je récoltais en été, après les fleurs du printemps, notamment du sainfoin (esparcette), était tout à fait *blanc*, tandis qu'au contraire celui que je récoltais à la fin de l'hiver, produit par la fleur du blé noir d'automne, était brun, j'ai cherché et adopté une ruche dont la construction permît d'y faire des récoltes pendant l'été. Le miel blanc est en effet d'une valeur bien plus considérable que le miel brun, quoique ce dernier soit quelquefois fort bon.

4. On a déjà beaucoup écrit sur les abeilles ; et, après de si nombreuses et de si savantes recherches, il est étonnant qu'il y ait encore autant de choses à connaître dans leurs travaux et dans leur reproduction. Mais ici, comme dans les progrès de tous les arts, à mesure que les observateurs ont fait de nouvelles découvertes et inventé de nouvelles méthodes, il s'est élevé de nouvelles incertitudes dans la théorie, et de nouveaux inconvénients se sont présentés dans la pratique. Aussi, que d'ouvrages séduisants par leurs promesses ! que de constructions de ruches nouvelles paraissent, au premier abord, d'un usage simple et facile ! Dans ce compartiment, les abeilles multiplieront par leur couvain ; dans cette autre division, elles déposeront leur miel, qui alors sera bien facile à enlever. L'amateur, encore novice, achète de pareils ouvrages ; mais quelle déception n'éprouve-t-il pas, lorsque ses abeilles, peu complaisantes, se refusent à travailler comme l'auteur l'avait prescrit ?

5. Combiner et perfectionner les procédés déjà publiés m'a donc paru plus utile que la recherche de méthodes entièrement neuves. En théorie, j'ai pris dans les meilleurs auteurs ce qui m'a paru confirmé par l'expérience, ou, tout au moins, que rien encore n'a contredit à mes yeux. J'en ai fait un abrégé dégagé des longueurs inutiles au cultivateur. Cette première partie n'est pas moins intéressante qu'utile.

6. La pratique a été le principal objet de mon travail. J'ai consulté beaucoup d'auteurs, notamment MM. Palteau, Beaunier, Féburier, Ducouedic, Varembey, Lombard, Radouan, de Beauvoir, de Frarière, etc., qui, à leur tour, citent un très-grand nombre d'autres ouvrages. Pour la plupart, ils répètent et reproduisent des erreurs et des procédés inexécutables en grand ; procédés d'amateur, vantés dans ces derniers temps pour leur hardiesse, mais si contraires aux mœurs et aux travaux des abeilles, qu'ils ne tardent pas à faire périr la peuplade. Cependant, j'ai distingué avec avantage, parmi ces nombreuses constructions de ruches, la ruche à hausse de Palteau, celle de Beaunier, et les ruches en paille de MM. Lombard et Radouan. Avec les matériaux que j'y ai trouvés, et après *trente ans d'expériences*, j'ai construit une ruche dans laquelle j'ai tâché d'éviter les inconvénients que j'ai reconnus dans les autres. On jugera si j'ai réussi, et si l'édifice que j'ai élevé à ces intéressants insectes peut mériter le titre que je lui donne de *Ruche à étages perfectionnée*. C'est un grand perfectionnement, en effet, que celui qui permet d'obtenir, par des récoltes d'été, du miel plus blanc et plus ferme que celui de Narbonne si renommé !

7. Le produit considérable des abeilles encouragera tou-

jours leur culture. On peut dire, sans exagération, que dans les cantons où les prés, les bois, les champs, fournissent beaucoup de fleurs, elles rapportent souvent le cent pour cent. Une année fertile, elles vont bien au-delà. Une bonne ruche de deux ans coûte environ 25 francs, savoir : 15 francs pour la valeur de l'essaim fort et précoce qui l'a produit, 5 francs pour la valeur de la cire et du couvain dont la ruche est garnie, et 5 francs pour la valeur du miel dont elle est également pourvue : tout cela outre le prix plus ou moins considérable de la ruche en bois ou en paille. Or, elle peut produire, dans l'année, deux étages ou 20 demi-kilogrammes de miel, qui vaudront au moins 10 francs ; deux essaims qui vaudront 25 francs, et 8 francs pour la valeur de la cire et du couvain dont les essaims auront garni leur ruche à la fin de l'année ; en tout 43 francs, produits en un an par une ruche de 25 francs.

8. Mais pour qu'on ne nous accuse pas de compter comme la laitière de La Fontaine, nous avouerons qu'on n'a pas toujours de seconds essaims ; qu'il y a, surtout en France, des années de stérilité et de mortalité. Nous ne compterons donc qu'un essaim précoce à 15 francs, 5 francs pour la valeur de la cire et du couvain dont l'essaim garnit sa ruche, et seulement 5 francs pour la valeur du miel et de la cire à récolter ; en tout 25 francs, produit égal à la valeur de la ruche qui l'a fourni.

9. Au mois de février 1830, je plaçai une ruche, essaim de l'année, dans un de mes domaines ; elle avait peu de miel ; j'y en ajoutai un kilogr. en rayons. Elle me donna en mai et juin trois essaims, qui valaient 45 francs. En mars 1831, je récoltai sur deux de ces quatre ruches

pour dix francs de miel. En mai 1831 , elles donnèrent quatre essaims, qui valaient 60 francs ; en tout 115 francs, produit d'une ruche en un an et demi. En juin 1832, elles étaient au nombre de 15 ruches ; en mai 1833, au nombre de 20 ; et en août 1834, au nombre de 36 , toutes provenues de la même ruche, en quatre ans et demi. Mais alors, une longue sécheresse n'ayant pas permis aux abeilles de récolter pour se nourrir , et ne les ayant pas nourries moi-même , éloigné et occupé de soins plus importants , je perdis, en 1835, plus des trois quarts de ces ruches. Depuis lors , elles ont de nouveau multiplié. En 1846, elles m'ont donné beaucoup d'excellent miel blanc. En se figeant, il était devenu si ferme , que quelques pots en ont été fendus , comme si l'eau s'y fût congelée. Occupé de nouveau d'affaires publiques, comme maire de la ville, les ruchers éloignés que je n'ai pas soignés ont périclité ; mais je déclare que lorsque j'ai perdu une ruche , j'ai toujours reconnu que c'était faute de soins nécessaires. Mes pertes ont ainsi confirmé les préceptes.

10. Jusqu'à présent nous sommes tributaires de l'Etranger pour la cire. Dans les statistiques, on évalue à plusieurs millions les sommes qui sortent de France pour cet objet. Faire cesser cet état de choses serait donc être utile à son pays. D'un autre côté, le miel est une substance alimentaire très-nourrissante ; pourquoi la laisser perdre? Les mêmes statistiques évaluent le produit des abeilles à 15 millions. Or, il pourrait être doublé et triplé, sans aucune diminution des autres produits.

11. CETTE ABONDANTE production des abeilles ne sera pas leur seul attrait pour l'homme instruit qui voudra se livrer à leur culture. Les curieux travaux et l'instinct admirable

de ces laborieux insectes exciteront son étonnement ; ses abeilles se familiariseront avec lui, et plus il les étudiera, plus il voudra les connaître.

12. Les anciens ignoraient la plupart des merveilles que les observateurs modernes ont découvertes dans la ruche ; et cependant de tout temps les abeilles furent célébrées par les écrivains et chantées par les poètes. On a lu les charmantes *Géorgiques* de Virgile. Les prodiges fabuleux qu'il raconte en si beaux vers du gouvernement et de la police de ce petit peuple ne sont pas plus merveilleux que tous les phénomènes que l'expérience nous découvre dans une ruche, asile que l'on peut bien comparer à une cité, à une forteresse, où ces laborieux insectes travaillent avec une activité infatigable et un art infini, se gardent et se défendent avec courage. L'enthousiasme d'un amateur des abeilles est fort bien exprimé dans ces beaux vers de *la Bergerie :*

> Insectes précieux, oserais-je chanter
> Vous que dans l'univers on se plut à vanter ?
> Vous, auguste famille et par les dieux choisie
> Pour cueillir sur les fleurs la divine ambroisie
> Que les premiers humains, de vos dons enivrés,
> Honorèrent de lois et de cultes sacrés,
> Dont l'instinct merveilleux, l'adorable harmonie
> Ont toujours inspiré les hommes de génie !

DIVISION DE L'OUVRAGE.

13. Nous conseillons à celui qui veut étudier cet ouvrage, de lire et classer dans sa mémoire les *rubriques* qui suivent, afin de trouver avec facilité les objets qu'il voudra chercher. Une lithographie montre les diverses parties de la ruche.

PREMIÈRE PARTIE.

Histoire naturelle des abeilles; leurs curieux travaux et leur admirable instinct.

---

§ 1er.

La Ruche.

14. Les abeilles sont du nombre des insectes qui vivent en *société*, travaillant dans un intérêt commun. Bien différentes des autres mouches qui volent errantes à l'aventure, elles forment des peuplades de quinze à vingt mille individus, et souvent plus nombreuses. Cet instinct d'association est un phénomène remarquable dans de si petits insectes aériens.

15. Dans l'état de nature, les abeilles habitent des arbres creux ou des fentes de rocher. L'homme les a recueil-

lies dans des caisses de bois ou de paille, d'environ trente centimètres de large sur cinquante de haut, n'ayant qu'une ouverture par le bas pour leur sortie : c'est ce qu'on appelle une *Ruche*. La nécessité de se défendre contre les intempéries des saisons, de conserver leur progéniture, et surtout leur provision de miel si enviée par les autres insectes, ne permet pas aux abeilles de vivre autrement que dans une ruche.

16. On trouvera la construction des ruches dans la seconde partie. Dans celle-ci, uniquement destinée à l'histoire naturelle de ces insectes , histoire aussi curieuse qu'utile à connaître, nous décrirons d'abord les trois sortes d'abeilles qui existent dans une ruche, savoir : les *ouvrières*, la *reine*, et les *mâles*. Nous prendrons ensuite un essaim nouvellement placé dans sa ruche, et nous le suivrons dans tous ses travaux.

§ 2.

L'Abeille ouvrière ou neutre.

17. Les abeilles ouvrières forment la presque totalité de la population de la ruche, au nombre de vingt à trente mille plus ou moins. On les appelle *neutres*, parce qu'elles ne sont ni mâles ni femelles, ne servant point à la multiplication de l'espèce. Pour expliquer ce phénomène, très-réel, mais singulier dans l'ordre de la nature, on prétend qu'elles seraient toutes femelles, comme la reine, et propres à pondre, si les œufs qui leur ont donné naissance n'avaient pas été déposés dans des cellules de cire trop

étroites pour permettre le développement de leurs organes de la génération. Cette explication est étayée sur un autre fait surprenant, rapporté ci-après n° 28.

18. Les principales fonctions des abeilles ouvrières sont : 1° d'aller cueillir dans les champs, sur les fleurs que la belle saison fait éclore, le miel dont elles se nourrissent, et dont elles apportent une partie dans la ruche pour leur subsistance pendant la mauvaise saison ; 2° d'apporter à leurs pattes des pelottes, qu'elles ont formées avec les poussières onctueuses qui viennent au bout des étamines des fleurs : c'est ce qu'on appelle du *pollen*. Il leur est nécessaire pour nourrir les vers ou larves qui se transforment en jeunes abeilles ; 3° enfin de travailler dans l'intérieur de la ruche à construire les cellules et rayons de cire destinés à contenir le miel, le pollen, et cette progéniture de la reine, qu'on appelle le *couvain*, qui perpétue et reproduit toute la peuplade.

19. Depuis quelques années, on a cru remarquer, à la loupe, des différences entre les abeilles ouvrières, suivant qu'elles remplissent différentes fonctions. Ainsi quelques auteurs distinguent : 1° les abeilles *cirières*, qui font et travaillent la cire ; 2° les *butineuses*, qui vont butiner dans les champs ; 3° les *gardes*, qui gardent la ruche nuit et jour ; 4° enfin les *travailleuses*, qui travaillent dans l'intérieur de la ruche : mais on peut douter de la réalité de ces différences dans les fonctions des *ouvrières*.

20. *Description des ouvrières.* — L'abeille ouvrière, dont on peut se former une idée en en ayant une sous les yeux, morte ou vivante, est une mouche à quatre ailes, de couleur brune, chargée sur presque tout son corps de longs poils fauves. Le corps de l'abeille est divisé en trois

parties distinctes : la *tête*, le *corselet* et le *ventre*. La tête porte deux yeux à plus de mille facettes chacun, durs à l'extérieur, pouvant être heurtés sans grands inconvénients. Les abeilles les brossent avec leurs pattes lorsqu'ils ont été salis ; deux antennes, à l'aide desquelles elles paraissent exercer le toucher le plus subtil et le plus délicat ; des dents ou mandibules ; et une trompe ou langue recourbée en dessous, composée de plusieurs parties à l'aide desquelles elles sucent ou lapent le miel dans les fleurs.

21. Le *corselet* porte quatre ailes et six pattes. Les pattes de derrière sont beaucoup plus longues que les autres, et ont une partie triangulaire, un peu concave, qu'on nomme la palette ou la *corbeille*, dont les rebords sont garnis de poils très-serrés. C'est dans cette corbeille qu'elles apportent le pollen à la ruche. Toutes les pattes ont des *brosses* dont elles se servent pour brosser les poussières de pollen arrêtées aux poils de leurs corps, et les réduire en pelottes dans les corbeilles.

22. Le *ventre* est revêtu de six anneaux écailleux rentrant les uns dans les autres. Il renferme deux estomacs : le premier, qui n'est qu'une simple poche ou bouteille, ne contient jamais que du miel dont l'abeille se nourrit et dont elle dégorge une partie dans la ruche pour l'approvisionner ; le second estomac sert à sa digestion. Viennent ensuite des intestins. L'*aiguillon* termine le ventre, dans lequel il est rentré. A sa base est la vessie qui contient le venin qui doit se répandre dans la plaie qu'il a faite. L'aiguillon, sortant de son fourreau, est composé de deux dards réunis, entre lesquels le venin coule. Ils sont, l'un et l'autre, revêtus de plusieurs crochets, placés à rebours, en forme de flèche ; de manière que l'aiguillon ne ressort

qu'avec peine de la blessure qu'il a faite, et toujours en la déchirant davantage. Lorsque l'abeille n'a pas eu le temps de le retirer doucement, ou que le corps piqué est trop ferme, comme la peau de l'homme, elle le laisse dans la plaie avec le bout de son ventre qui est arraché: elle périt quelques heures après. L'aiguillon, quoique détaché de l'insecte, conserve encore longtemps un mouvement qui tend à le faire pénétrer plus avant. Il est si poli que le meilleur microscope qui fait découvrir mille aspérités sur une aiguille d'acier la plus fine et la plus unie, n'en fait ici apercevoir aucune.

§ 3.

La Reine, ou Mère abeille.

23. Il n'y a dans chaque ruche qu'une seule femelle qui pond le grand nombre d'œufs d'où l'on voit éclore, dans l'année, vingt à soixante mille abeilles, tant pour entretenir la population de la ruche, que pour multiplier l'espèce par les essaims ; aussi l'appelle-t-on la reine ou la mère-abeille. Elle est plus grosse que les abeilles ouvrières, le double plus longue, et plus jaunâtre. Il est à remarquer qu'elle n'a aux pattes ni brosses ni corbeille pour recueillir. Elle a les ailes plus courtes que son corps, ce qui paraît lui rendre le vol difficile ; aussi ne sort-elle que très-rarement de la ruche. Outre les autres parties du corps communes aux autres abeilles, la reine a dans le ventre deux ovaires, assemblage de vaisseaux remplis d'œufs. Enfin elle a un aiguillon fort et recourbé dont elle se sert rarement.

24. Dans la saison des essaims, il éclot dans la ruche une douzaine de reines plus ou moins. Selon les auteurs modernes les plus accrédités, c'est l'ancienne reine qui part avec le premier essaim, pour aller fonder une nouvelle colonie. La première des jeunes reines qui sort de son alvéole ou cellule la remplace ; selon les anciens auteurs, ce serait, au contraire, les jeunes reines qui conduisent les essaims.

25. Quoi qu'il en soit, les jeunes reines qui restent dans la ruche, autres que celle qui est reconnue par la population, n'y pondent point. Elles y sont dans un état passif, attendant l'évènement, retenues, dit-on, dans leur cellule, et gardées dans la ruche par les abeilles, de crainte que la reine de la ruche ne les massacre, ce qu'elle cherche toujours à faire. Dans le mois d'août, elles sont détruites par les abeilles, et l'ancienne reine, ou la jeune qui l'a remplacée, demeure unique dans la ruche jusqu'au mois de mai suivant.

26. Les abeilles sont tellement attachées à la reine, espoir de la perpétuité de la peuplade, que si elle meurt, ou si on l'enlève à la ruche, et qu'elle ne puisse être remplacée, les abeilles, désespérées, quittent la ruche, quoique bien fournie de miel, se dispersent, et périssent isolées. Elles connaissent que la reine est dans la ruche peut-être à son odeur ; car elles témoignent qu'elle y est, quand on la leur a rendue, lorsqu'on les voit à l'entrée, dehors et dedans la ruche, battre des ailes, élevant en l'air le bout de leur ventre : c'est peut-être pour agiter et renouveler l'air de la ruche de proche en proche jusque vers la reine.

27. Au reste, la reine ne paraît pas avoir d'autres fonc-

tions que celle de pondre. Les abeilles se livrent à tous les travaux nécessaires avec une harmonie admirable, guidées par leur seul instinct ; mais elles ne semblent être animées dans leurs travaux que par la seule présence de cette reine qui, dans la ruche, vivifie tout. M. de Voltaire, dans son *Dictionnaire philosophique*, nie l'existence d'une reine dans la ruche : cela prouve son ignorance de ce fait, dont j'ai maintes fois vérifié l'exactitude ; le ton moqueur qu'il y met prouve encore autre chose.

28. Un phénomène tout à fait important à la pratique des essaims artificiels, tout étrange qu'il est, paraît confirmé par de nombreuses expériences, quoique contesté par M. Ducouedic, auteur de la *Ruche pyramidale* ; le voici : MM. Schirac et Hubert assurent que les abeilles ouvrières sont des femelles comme les reines ; que des œufs absolument semblables les produisent ; mais que l'abeille ouvrière élevée dans une cellule trop étroite et nourrie d'une manière différente, n'a pu prendre un développement suffisant dans les organes de la génération, pour devenir une reine ou mère-abeille. Ils ont, en effet, découvert que les abeilles privées de reine s'en procurent une à volonté avec des œufs d'ouvrières, ou même avec des vers qui en sont éclos, pourvu qu'ils n'aient pas plus de trois jours ; qu'alors elles n'ont qu'à agrandir la cellule et nourrir le ver d'une nourriture différente et apparemment meilleure, pour en former une reine. M. Féburier assure avoir vérifié l'exactitude de ce fait en prenant dans une ruche un morceau de rayon qui n'avait aucune cellule de reine, que l'on reconnaît aisément à leur grandeur et à leur position, mais simplement des cellules d'ouvrières remplies d'œufs ou de vers d'ouvrières n'ayant pas trois jours ; qu'il l'atta-

cha au haut d'une ruche vide, avec un peu de miel dans un autre rayon ; qu'il enleva une ruche pleine d'abeilles de dessus sa table, à 10 heures du matin, dans un moment où il y avait beaucoup d'abeilles en campagne ; qu'il mit la ruche vide sur cette table, à la place de l'autre ; que les abeilles revenant des champs, après bien des allées et venues, s'y fixèrent et formèrent bientôt trois ou quatre cellules de reine, en en détruisant quelques autres qu'elles agrandirent autour de l'œuf ou ver éclos, dont elles formèrent des reines et dont une régna seule. M. Schiroch a maintes fois enfermé un ou plusieurs jeunes vers d'ouvrières dans une boîte, avec une poignée d'abeilles : elles en ont fait une reine.

29. M. Ducouedic observe, au contraire, que non-seulement la mère-abeille a les ovaires de plus que les ouvrières, mais qu'elle a de moins qu'elles les brosses et les corbeilles ; qu'un resserrement qui ôterait les ovaires aux abeilles ouvrières, ne pourrait pas leur procurer d'autres parties que n'a pas la reine, telles que les brosses et la corbeille pour récolter ; qu'ayant en moins, elles ne devraient pas avoir en plus si elles provenaient des mêmes œufs. Malgré ce raisonnement, les faits sont trop positifs pour ne pas les admettre : on peut tout au plus abandonner l'explication qu'on en donne.

30. On a remarqué que si on donne quelques coups sur quelque point de la ruche, la reine ne tarde pas à s'y présenter avec d'autres abeilles pour voir la cause de cette alarme ; mais elle se retire sur le champ au milieu de la foule qui se presse autour d'elle.

§ 4.

Les Mâles, ou Faux-Bourdons.

31. Les faux-bourdons, qui sont les mâles, sont près du double en grosseur des abeilles ouvrières. Leur destinée est singulière : ils ne prennent point la peine de travailler ; mais ils ne vivent que trois mois, et ne meurent point de mort naturelle. Avant la fin de l'été, ils sont tous massacrés par les abeilles ; il n'en reste aucun dans la ruche en automne, en hiver, ni au commencement du printemps. Il n'y a pendant ce temps que les œufs destinés à les produire au retour des chaleurs, et même la plupart ne sont-ils pondus qu'au printemps. C'est en mai que les premiers bourdons paraissent, quelques jours avant le départ des premiers essaims.

32. Frileux, ils ne sortent guère que vers le milieu du jour. Ils vivent dans la ruche aux dépens des provisions que les abeilles ont amassées avec tant de peines. Ils se nourrissent aussi, dit-on, dans les champs ; mais je n'en ai jamais vu sur les fleurs. Ils n'apportent rien dans la ruche. Ils n'ont d'ailleurs ni brosses ni corbeille pour recueillir le pollen. Ils affament les ruches s'ils y sont en trop grand nombre. Ils y sont ordinairement de cinq cents à mille.

33. Leurs fonctions sont de féconder la reine ou les œufs, à la manière des poissons ; ils servent aussi à entretenir la chaleur dans la ruche pour faire éclore les œufs et naître le *couvain* : c'est pour cela que, dans quelques pays,

on les appelle les couveuses. En effet, le couvain éclôt plus vite lorsqu'il y en a dans la ruche qu'à l'époque où il y en a peu ou point encore.

34. Dans le mois d'août, ayant fécondé la reine ou les œufs, et étant dès lors devenus inutiles et à charge à la ruche, les abeilles les massacrent tous à coups d'aiguillon. Ce carnage dure environ sept à huit jours. Ils ne peuvent se défendre, quoique beaucoup plus forts, parce que la nature ne les a point pourvus d'aiguillon. On voit les abeilles sortir les cadavres de ceux qu'elles ont tués dans la ruche, ou, accrochées aux ailes de ceux qui fuient dehors, les poursuivre à outrance. Leur corps étant, comme celui des abeilles, couvert d'une enveloppe écailleuse que l'aiguillon ne peut pénétrer, elles ne peuvent les percer que dans les articulations, ce qui donne aux abeilles beaucoup de peine à les détruire.

35. Lorsque dans l'automne il reste des bourdons dans la ruche ou qu'il en éclôt de nouveaux, elle est en danger de périr affamée. A cette époque, les bourdons ne sortent guère ; aussi on prétend que la présence des mâles en automne et en hiver est un signe de désorganisation de la ruche, faute d'une bonne reine, et que la ruche périt au printemps. Cependant, j'ai vu des ruches qui en avaient quelques-uns en hiver et qui n'ont pas péri. M. Radouan déclare qu'il a presque toujours vu périr ces ruches, excepté celles qui sont très-fortes en mouches.

§ 5.

La Propolis.

36. Dès que l'essaim est placé dans la nouvelle ruche, il la nettoie soigneusement, charriant dehors tous les corps étrangers.

37. En même temps, il mastique toutes les fentes et les plus petites ouvertures, sauf son entrée par le bas. Il commence toujours par le haut de la ruche où il attache ses premières constructions. Le mastic dont il se sert est appelé *propolis* ; c'est une matière d'un brun rougeâtre qui a une excellente odeur aromatique, surtout lorsqu'on la frotte et qu'on l'échauffe. A la chaleur du jour elle s'étend, et devient élastique lorsque le bois de la ruche s'ouvre ; mais par le froid elle devient dure comme de la résine. Les abeilles la récoltent sur les nouveaux bourgeons des peupliers et des arbres résineux. C'est pour débarrasser celles qui apportent des pelottes de cette matière tenace qu'on voit les abeilles les tirailler en tous sens sur le devant de la ruche. J'ai trouvé plusieurs fois sur la table, et devant l'entrée de la ruche, des pointes de bourgeons enduites de propolis, reconnaissable à l'odeur. Je me suis assuré que la pousse et les nouvelles feuilles du peuplier ordinaire ont l'odeur de propolis dont elles sont couvertes, et que ces pointes de bourgeons étaient le bout de l'enveloppe du bouton qui se détache lors de la pousse. Il en résulte que les abeilles doivent trouver plus abondamment de la propolis à la sève d'avril et à la seconde sève d'août qu'en tout autre temps.

§ 6.

La Cire.

38. Pendant que quelques abeilles mastiquent la ruche, d'autres y construisent, en *cire*, des cellules dans lesquelles elles déposent d'abord leur progéniture, et plus tard leur miel, à mesure que le couvain les a évacuées.

39. Avec quoi et comment les abeilles font-elles la cire? On pensait autrefois que c'était avec le pollen qu'elles apportent à leurs pattes dans la ruche, mais on ne trouve point de cire en analysant cette matière. Des expériences modernes prouvent que la cire est le produit des abeilles.

En effet, si on enferme un essaim d'abeilles dans une nouvelle ruche pendant longtemps, et qu'on l'y nourrisse avec du miel seul, il y construira des rayons d'alvéoles ou cellules en cire. Si on le nourrit avec des sirops sucrés, il fait également de la cire; mais, sans pollen, il ne multiplie point. Il paraît donc bien constaté par cette expérience, répétée avec le même essaim, successivement dans plusieurs ruches vides et fermées, que la cire est produite par les abeilles avec les matières mielleuses et sucrées qui les nourrissent.

40. M. Ducouëdic, outrant cette observation, prétend que les abeilles ne rendent point d'excréments et ne font que de la cire. Il est vrai qu'on ne trouve point d'excréments dans leur ruche, même durant le temps où le froid les y retient captives; mais j'ai vu les abeilles se vider hors de la ruche par l'anus; ce qu'on peut remarquer surtout à leur première sortie après l'hiver.

41. On ne sait pas précisément comment les abeilles rendent la cire : les uns assurent qu'elles la dégorgent liquide par la bouche, et qu'elle se durcit en peu d'instants ; mais des auteurs plus modernes assurent, au contraire, qu'elle se forme en écailles sous le ventre des abeilles, dont elle est une transsudation, qui s'y durcit et qu'elles enlèvent par le frottement, pour en former leurs cellules. M. Beaunier dit avoir trouvé ces parcelles de cire sortant entre les anneaux écailleux du ventre des abeilles, au nombre de neuf morceaux ; il ajoute qu'elles travaillent cette cire avec leurs dents, leur trompe et leurs antennes. On voit, en effet, de ces parcelles de cire qui tombent sur la table dans les ruches qui travaillent en cire.

42. La cire dont les abeilles ont formé leurs cellules est tout à fait blanche. Par son séjour dans la ruche, elle y jaunit. Elle noircit ensuite après plusieurs années.

43. On croit que les bourdons, qui vivent de miel, rendent aussi de la cire, et que leur présence dans la ruche fait avancer plus promptement les constructions. Il est à remarquer que ces constructions n'ont lieu, dans la ruche, que proportionnellement aux besoins des abeilles, et à la fertilité de la saison plus ou moins productive de miel. C'est lorsque la reine pond le plus, au printemps et au commencement de l'été, époque où le miel est le plus abondant dans la végétation, que les abeilles construisent davantage.

§ 7.

Les Alvéoles.

44. Les cellules en cire que les abeilles construisent portent le nom d'*alvéoles* ; et la réunion de deux rangs

d'alvéoles, adossés par un fond commun, s'appelle un *rayon*.

45. Qu'on prenne un rayon vide, on y verra les cellules dont il se compose. Chacune a six faces ; le fond, qui se termine un peu en creux, a trois facettes seulement ; mais chaque facette, formée en losange, présente deux côtés au pourtour, qui servent de base aux six côtés de l'alvéole. De plus, le fond de chaque alvéole sert à former un tiers des fonds de trois alvéoles opposés de l'autre côté du rayon, de manière que chaque fond se termine en creux ou pointe pour y loger l'œuf, sans qu'il y ait aucune cloison plus épaisse dans un endroit que dans l'autre. Les six pans de l'alvéole approchent beaucoup de la forme ronde du corps de l'abeille, et il n'y a point d'espace vide entre deux, qui serait inutile. Cette construction est admirable.

46. Les alvéoles où sont nées les abeilles ouvrières, et qui sont ensuite remplis de miel, ont environ 3 millim. de diamètre et 18 millim. de profondeur. Ceux où sont nés les mâles sont plus grands. Mais les *alvéoles royaux*, où sont nées les reines, sont encore bien plus spacieux, et surtout plus larges et plus épais. Ils sont ordinairement isolés et placés çà et là sur les bords des rayons. Ils emploient autant de cire que trente alvéoles d'ouvrières ; et ils ont cela de remarquable que leur ouverture est dirigée tout à fait en bas, semblables à une cloche. Les abeilles les détruisent quand elles remplissent de miel les rayons auxquels ils sont attachés.

§ 8.

Les Rayons.

47. Les rayons sont la réunion des alvéoles ou cellules dont nous avons parlé. Ayez un morceau de rayon, vous y remarquerez deux rangées d'alvéoles adossées et réunies par des fonds communs aux deux côtés, ainsi que nous venons de l'expliquer. Les ouvertures des alvéoles sont à l'extérieur, à chaque face du rayon. Mais, afin que, par cette situation couchée, le miel y soit plus facilement placé et en verse moins, ils sont un peu relevés du côté de leur ouverture, à chaque face du rayon.

48. Si on voit tailler une ruche, ou récolter une portion de ruche, on remarquera que les rayons sont suspendus dans la ruche, *verticalement*, c'est-à-dire, comme des murs de haut en bas. Chaque rayon a 3 ou 4 centim. d'épaisseur. Entre chaque rayon, il y a un espace vide de près d'un centimètre de largeur. C'est dans ces espaces que les abeilles montent et descendent, entre les rayons qui ne se touchent point, marchant sur les bords des alvéoles, c'est à-dire, sur les faces des rayons. L'homme commence toujours par le bas les fondations des murs qu'il élève; les abeilles, au contraire, commencent toujours par attacher leurs premiers alvéoles au plancher supérieur de la ruche, et continuent la construction de leurs rayons en descendant. Ces rayons ainsi suspendus et les entre-deux sont ordinairement dirigés du derrière au-devant de la ruche, quelquefois un peu en diagonale, rarement d'un côté à l'autre. Ils sont aussi attachés contre les deux faces de la ruche qu'ils touchent par leurs deux bords.

49. Dans les ruches où l'on coupe les rayons supérieurs pour récolter le miel, les abeilles, au lieu de commencer de nouveaux rayons par le haut de la ruche, pour combler le vide qu'on a fait, le remplissent en montant, continuant jusqu'en haut les rayons existants. Elles savent ainsi combiner leurs travaux suivant des circonstances qu'elles n'avaient pu prévoir, afin de maintenir dans leurs constructions un ensemble qui leur est nécessaire.

50. Pour pouvoir communiquer à travers les rayons, les abeilles y laissent, d'espace en espace, des ouvertures, comme des fenêtres dans un mur, de la grandeur de deux ou trois alvéoles. Elles en pratiquent quelques-unes dans l'étendue des rayons, mais le plus grand nombre contre les parois de la ruche, lieu moins chaud et moins précieux pour le placement du couvain. — Que de prévoyance !

51. Quand les abeilles ont continué leurs constructions jusques au bas de la ruche, elles s'arrêtent à un centimètre de distance de la table, sur laquelle les rayons ne reposent point. Elles peuvent ainsi parcourir librement la table, pour la nettoyer des immondices et des abeilles mortes qui y tombent, ce qu'elles font avec soin. De là, elles peuvent aussi monter dans ceux des rayons où elles ont affaire. Par cet espace vide, l'air est renouvelé dans les rayons et l'humidité dissipée. On ne saurait imaginer des constructions mieux entendues pour des réunions aussi nombreuses, et dans un espace qui doit être aussi resserré, afin d'y conserver la chaleur pendant la mauvaise saison.

§ 9.

Le Couvain.

52. Dès qu'il y a quelques alvéoles construits dans la ruche nouvelle, ce qui arrive le même jour ou le lendemain que l'essaim y a été placé, la reine y pond des œufs, et elle continue à pondre tant qu'elle trouve d'alvéoles prêts.

53. On appelle *couvain* les rayons remplis, soit d'œufs d'abeilles pondus par la reine, unique femelle dans la ruche, soit de vers ou *larves* qui en sont éclos, soit de *nymphes* ou vers en chrysalide prêts à devenir abeilles formées.

54. A la fin de l'été, lorsque les travaux des abeilles sont achevés, les rayons de couvain se trouvent placés au-dessous de ceux de miel, parce qu'à mesure que les abeilles qui naissent pendant l'été quittent les premiers alvéoles du haut de la ruche, les abeilles remplissent de miel ces mêmes alvéoles. A cette époque, si la saison a été favorable, le miel occupe à peu près le tiers supérieur de la ruche, le couvain remplit le tiers central, et le tiers inférieur est garni de rayons vides, ou d'espace dans lequel il n'y a pas encore de rayons construits.

55. On distingue aisément les rayons qui contiennent du couvain de ceux qui contiennent du miel, à ce que les rayons de couvain ont les alvéoles fermés avec un couvercle de cire *bombé*, tandis que ceux de miel ont un couvercle plat. Quand le couvain avorte ou périt dans l'alvéole, le couvercle s'enfonce et noircit. Si les abeilles, peu nombreuses ou engourdies par les pluies froides, ne peuvent s'en

débarrasser en le sortant, la ruche périt souvent, si on ne les aide à l'extirper, ce qui, au reste, est assez difficile.

56. Il y a aussi des rayons d'alvéoles qui n'ont point encore de couvercle et qui cependant ne sont pas entièrement vides, contenant des œufs nouvellement déposés.

57. C'est autour du couvain, s'il y en a, que les abeilles se groupent durant l'hiver et surtout au printemps, pour le réchauffer ; sans doute il tire de là son nom. Les abeilles ont le plus grand attachement pour le couvain. Il est bien plus difficile de les chasser des rayons qui le contiennent que de ceux qui contiennent le miel. Plus une ruche a de couvain, plus les abeilles en sont ombrageuses. Les essaims qui n'ont point de couvain à défendre, se laissent cueillir avec facilité.

58. On reconnaît qu'il y a du couvain dans la ruche quand les abeilles charrient beaucoup de pollen.

59. Le surplus de ce qui concerne le couvain va se trouver décrit sous les paragraphes *œufs*, *larves* et *nymphes*.

§ 10.

Les Œufs.

60. Dès que la mère-abeille trouve des alvéoles prêts, elle y pond dans chacun un œuf, fort petit, de couleur brune, un peu allongé, qui demeure collé dans le fond. Quand les rangs supérieurs sont pleins de couvain ou de miel, elle descend et pond dans les alvéoles inférieurs.

61. La reine pond prodigieusement au printemps, moins en été, peu en automne et pas du tout en hiver. Au

printemps, la reine pond d'abord dix à douze mille œufs d'ouvrières, puis quatre à huit cents de bourdons et dix à vingt œufs de reine. Après cette première ponte, la reine en recommence d'autres à peu près dans le même ordre, tant que la saison est favorable; mais toujours en moindre quantité. En général, la reine ne recommence une nouvelle ponte, en été, qu'au moment où une seconde sève dans les plantes fournit du miel à cueillir. Plus il y en a à récolter dans les champs, plus la ponte est considérable. Aussi n'est-ce qu'à ces époques que les abeilles augmentent leurs constructions en cire. — Quand la reine a pondu une certaine quantité d'œufs d'ouvrières, qui peut apprendre aux abeilles qu'il faut construire de plus grandes cellules pour les mâles? Comment la reine distingue-t-elle l'espèce des œufs qu'elle va pondre pour en choisir le logement convenable? Il est tout simple qu'aucun auteur n'ait résolu cette question; mais aucun, que je sache, ne l'a même posée. Comment, après cela, peut-on se dire savants? En histoire naturelle, nous ne sommes que de simples observateurs et non de vrais savants.

62. En été, les œufs éclosent trois jours après la ponte; il en naît un ver ou larve d'abeille dont on parlera plus bas. Le mode de fécondation des œufs est encore un problème: a-t-elle lieu dans les airs, comme le croit Hubert? ou sur les œufs, à la manière des poissons, comme le supposent d'autres auteurs? Les opinions sont trop contradictoires pour nous en occuper dans un ouvrage principalement destiné à la pratique.

§ 11.

Les Larves ou Vers d'Abeilles.

63. Les œufs ont donné naissance à des vers ou larves qui croissent et finissent par remplir l'alvéole. Ils demeurent huit jours à croître en été; mais plus longtemps dans les temps moins chauds. Cette larve est blanche. Il paraît qu'elle est nourrie par les abeilles avec du *pollen* qu'elles préparent avec du miel, en forme de gelée, dont elles remplissent l'alvéole. Le ver qui s'en est nourri, parvenu à remplir lui-même cette alvéole, se file une enveloppe soyeuse, et les abeilles recouvrent l'alvéole d'un couvercle de cire. Comme on trouve le couvain presque toujours ainsi clos, quelques auteurs croient que les abeilles enferment ainsi le ver et la nourriture que cette larve consomme en totalité, sans qu'on voie d'excréments.

§ 12.

Les Nymphes.

64. Les nymphes sont les vers devenus à l'état immobile de chrysalide, changeant de peau et se transformant peu à peu en abeilles dans les alvéoles, d'où elles ne sortent qu'avec leurs ailes. Les nymphes restent en cet état pendant huit jours lorsqu'il fait chaud; mais bien plus longtemps lorsqu'il fait froid.

65. Dès que les abeilles sont formées, elles percent le couvercle de cire de leur cellule. Il en périt plusieurs dans

ce travail pénible, les abeilles ne leur aidant point dans ce moment d'épreuve. Mais dès qu'elles sont sorties, elles les lèchent et leur présentent de la nourriture avec leur trompe. En naissant, elles sont grisâtres ; vingt-quatre heures après elles deviennent plus brunes, et sont en état de voler aux champs.

§ 13.

Le Miel.

66. Pendant que des ouvrières construisent des alvéoles et que la reine pond, d'autres ouvrières se hâtent, dès le jour même de leur établissement ou le lendemain, d'aller dans les champs récolter le miel. Elles le trouvent sur les fleurs, à la naissance des pétales et dans le calice, où il brille en très-petites gouttelettes. Elle le sucent avec leur trompe, et s'il ne fait pas assez chaud pour qu'il perce, elles déchirent ces parties avec leurs dents. Il est peu de plantes d'où elles n'en tirent. Le miel paraît répandu dans toute la végétation, notamment dans les fleurs et dans les fruits. Cette matière gommo-sucrée est un des principaux éléments qui entrent dans la composition des substances nutritives de l'homme et des animaux.

67. Elles recueillent aussi la *miellée* que l'on voit quelquefois paraître sur les bourgeons et les feuilles de certains arbres et de plusieurs végétaux. Cette manne est produite, tantôt par la transsudation des plantes aidée de la rosée et du soleil, tantôt aussi par les déjections de certains pucerons, qui piquent les jeunes pousses, sucent la sève sucrée, et la rendent par l'anus, d'où elle tombe sur les feuilles

inférieures sous la forme de miellée. Les fourmis en sont très-friandes, et parcourent avec activité les bourgeons où se trouvent ces pucerons. Les abeilles y trouvent un miel inférieur à celui des fleurs, mais qui leur offre une grande ressource lors de la sécheresse, qui ne permet plus à de nouvelles fleurs d'éclore. J'ai aussi trouvé de la miellée sucrée sur des feuilles amères de chêne, de noyer, etc. C'est une manne tombée du ciel en rosée, par un temps chaud et humide.

68. Le miel déposé par l'abeille dans son premier estomac, qui n'est qu'une simple bouteille, passe, en partie, dans son second estomac pour la nourrir. Le surplus, elle le dégorge par la bouche dans les alvéoles, qui se trouvent vides, en commençant de préférence par ceux du haut de la ruche et sur le derrière, parce qu'étant plus éloignés de l'entrée, ils sont plus à l'abri du pillage.

69. Le miel a-t-il subi, dans l'estomac de l'abeille, une élaboration, une combinaison avec d'autres matières, avec du pollen, par exemple? On l'ignore; et là-dessus les avis sont partagés. Les auteurs modernes croient qu'elle le rend tel qu'elle le cueille, et je partage leur opinion.

70. En effet, le miel des contrées où croissent la lavande sauvage et autres plantes aromatiques, est blanc et aromatique. Celui produit par le blé noir est brun, moins bon, mais abondant. Cueilli en juillet, avant la floraison du blé noir, dans une contrée où l'esparcette ou sainfoin abonde, il est blanc. Transparent d'abord comme du vernis, mais figé après quelques mois de cristallisation, il est alors plus blanc que le miel de Narbonne. La possibilité de le cueillir à cette époque est un très-grand avantage que l'on trouve dans la ruche dont je donne la construction.

71. A la fin de l'année, le miel occupe environ le tiers de la ruche dans la partie supérieure ; le couvain se trouve au-dessous, parce qu'à mesure qu'il est éclos et évacué des alvéoles, les abeilles les remplissent de miel, après les avoir nettoyées. Mais si l'année a été trop sèche ou trop pluvieuse, il y a fort peu de miel, et les rayons de dessus restent vides.

72. La prévoyante abeille recueille cette provision de miel pour se nourrir pendant la mauvaise saison, et même l'été durant les jours de pluie. Dans les froids rigoureux, ne sortant pas pour se vider, elle mange très-peu, ou même pas du tout ; dans tous les temps, elle ne touche à ses magasins qu'avec la plus grande économie, et l'on ne court aucun risque de lui laisser plutôt plus que moins.

§ 14.

Le Pollen.

73. En suçant le miel sur les fleurs, les abeilles y recueillent en même temps les poussières ou semences fécondantes qui se forment au bout des filets ou étamines. On les voit se vautrer dans la fleur, la grapiller, et se couvrir le corps de ces poussières onctueuses qui s'attachent à leurs poils. Elles entrent ainsi dans la ruche. Mais le plus souvent, avant d'arriver des champs, elles passent sur leur corps les brosses placées à leurs jambes, et forment des pelottes de ces poussières de la grosseur d'un grain de plomb de perdrix. Elles sont fixées aux deux jambes de derrière, dans les palettes ou corbeilles. Il y en a de toutes couleurs, suivant les fleurs où elles ont été

prises. Elles rentrent ainsi dans la ruche avec leur charge de *pollen*, nom que l'on donne à ces poussières recueillies. Cette récolte des abeilles sur les fleurs, loin d'y causer du dommage en répandant cette poussière fécondante sur le pistil, y facilite la formation du fruit.

74. On ne voit pas que les abeilles mangent du pollen ; elles peuvent être nourries sans en avoir. Mais sans le pollen elles ne multiplient point. M. Lombard dit qu'elles en avalent, qui se combine dans leur estomac avec du miel, pour former cette gelée qu'on trouve dans les alvéoles des vers d'abeilles, et dont il paraît qu'ils se nourrissent. On remarque que plus les abeilles ont de couvain, plus elles apportent de pollen dans la ruche. Elles le placent dans des alvéoles vides, ça et là au milieu du couvain, d'où il disparaît bientôt par la consommation étonnante qu'elles en font. En effet, cette consommation est énorme. On a pesé quelques douzaines de pelottes, et on a compté, par approximation, le nombre de celles apportées dans un jour et dans une année ordinaire : on a trouvé, pour une bonne ruche, un poids de plusieurs quintaux par an ; 50 à 100 kilogrammes. Cependant on ne trouve, en hiver, que fort peu d'alvéoles qui aient du pollen. On en conclut qu'il a servi à la nourriture du couvain.

§ 15.

Essaimage ; ses causes et son but.

75. Le nombre des ruches ou peuplades d'abeilles se multiplie par l'essaimage. C'est l'émigration d'une partie des abeilles de la ruche, pour aller fonder une nouvelle colonie dans une nouvelle habitation.

76. Lorsqu'une ruche est faible en population, ou que la première naissance des abeilles, en mai ou juin, est peu considérable, la ruche peut bien se maintenir par là et réparer ses pertes journalières : mais il n'en sort point d'essaim.

77. Au contraire, lorsque les abeilles naissantes augmentent tellement la population, qu'elles ne peuvent plus loger toutes dans la ruche sans encombrement, alors on entend un grand bourdonnement pendant deux ou trois jours ; puis, par un temps chaud, une foule d'abeilles sortent avec rapidité, comme une fusée ; une reine se trouve au milieu ; quelques bourdons se joignent au tourbillon. La moitié plus ou moins de la population quitte la ruche. Le groupe ondoyant tourbillonne dans les airs, qu'il obscurcit comme un nuage; puis se fixe à quelque arbre voisin ou se porte au loin. Arrêté, il forme un peloton suspendu à quelque branche d'arbre. Les abeilles y sont toutes accrochées les unes aux autres par les pattes, formant une grosse grappe en forme de pain de sucre. Si on ne recueillait pas cet essaim, il repartirait, et s'il rencontrait quelque arbre creux ou quelque fente de rocher, il s'y fixerait. Mais n'en trouvant pas, le plus souvent il s'attacherait à quelque branche d'arbre, où il commencerait à construire des rayons, et périrait par les intempéries ou se disperserait.

78. Ordinairement on recueille l'essaim quand il est posé en entier, en le faisant tomber dans une ruche vide que l'on tient renversée au-dessous. Voyez les détails de cette opération dans la troisième partie.

79. Nous avons dit que lorsque le nombre des abeilles est devenu trop grand pour la ruche, elle essaime. C'est la seule cause que l'on assignait autrefois à leur départ.

Mais M. Hubert et autres observateurs modernes donnent à l'essaimage encore une autre cause qui a également lieu suivant que la population est plus nombreuse. Ils prétendent avoir observé que lorsque deux ou plusieurs reines sont libres dans une ruche, elles se livrent un combat singulier, auquel les abeilles ne prennent point de part, et qu'il n'en reste qu'une après qu'elle a tué les autres. Des ruches vitrées, destinées à l'observation, et qui s'ouvrent, en outre, à volonté, les ont rendus témoins de ces faits. Ils assurent que la reine de la ruche a une aversion contre les jeunes reines qui sont nées dans les alvéoles royaux. Dès qu'elle les aperçoit, elle cherche à les détruire dans leur cellule, mais alors les abeilles se groupent autour, et par leur nombre éloignent la reine de ces cellules. Elles font plus, elles y retiennent prisonnières les jeunes reines, en renfonçant le couvercle de cire qui les couvre, ne laissant qu'un très-petit trou, par lequel elles leur donnent la nourriture nécessaire. Cependant la reine, parcourant avec acharnement tous les rayons pour y détruire ses rivales, cause dans la ruche une grande agitation, et si le temps est chaud à l'extérieur, la chaleur de la ruche se trouve élevée jusqu'à 32 degrés **Réaumur**. Alors elle devient insupportable pour les abeilles et pour la reine, qui sortent pêle-mêle en essaim. Il s'y trouve d'anciennes et de jeunes abeilles, ainsi que des bourdons, qui vont fonder un nouvel établissement avec l'ancienne reine.

80. Beaucoup d'abeilles, occupées dans différents coins de la ruche, ainsi que la plupart des bourdons, y sont restés; les abeilles qui étaient en campagne y rentrent; le couvain continue d'éclore. La première jeune reine qui sort de son alvéole règne seule. Mais bientôt cette jeune reine agis-

sant de même envers ses rivales, il sort, huit à dix jours après le premier, un second essaim avec elle. Quelquefois il en sort un troisième, toujours par la même cause.

81. Mais lorsque le nombre des naissances ne remplace plus le nombre des abeilles qui ont émigré, il n'en reste pas assez pour préserver les jeunes reines; elles sont toutes détruites par celle de la ruche. Alors cette ruche n'essaime plus cette année-là.

82. A l'appui de ce système, M. Hubert assure avoir coupé une antenne à la reine d'une ruche, pour la reconnaître, et l'avoir vue, deux années de suite, sortir de l'ancienne puis de la nouvelle ruche, avec l'essaim qu'elle conduisait. Cette expérience, qui n'a peut-être pas été assez répétée, a fait admettre la cause assignée à l'essaimage, par M. Hubert. Cependant plusieurs personnes persistent à penser que c'est toujours une jeune reine qui conduit l'essaim. Ils objectent que dans les essaims on trouve souvent plusieurs reines. Mais on leur répond que ce sont de jeunes reines qui se sont échappées de leurs alvéoles pendant le tumulte. Ils objectent encore qu'il sort beaucoup plus d'essaims des petites ruches que des grandes, qui donnent plus de miel, et on leur réplique que, dans la grande ruche, la garde des jeunes reines étant plus difficile, elles sont plus aisément détruites par la reine, ce qui empêche l'essaimage. Il faut convenir qu'il y a encore là-dessus beaucoup d'incertitude. Cependant, le système de M. Hubert a prévalu; et il me paraît confirmé par la réussite des essaims *artificiels* avec lesquels on emporte l'ancienne reine et non pas une jeune.

83. En effet, dans le temps de l'essaimage naturel, on peut former des essaims artificiels, en chassant de la ruche,

avec de la fumée, la plus grande partie des abeilles, et la reine, les faisant entrer dans une nouvelle ruche, que l'on emporte. La ruche-mère contenant de jeunes reines dans leurs cellules, ou du couvain d'ouvrière propre à en former (v. 27), elle est bientôt pourvue d'une reine active.

84. Les nouvelles ruches, qui se divisent facilement en plusieurs parties, ont surtout un grand avantage pour en en extraire des essaims artificiels. Il suffit d'avoir fait passer la reine dans la portion que l'on emporte, avec quelques constructions, et la plupart des abeilles. Autrement, si la reine n'y était pas, l'essaim retournerait à la ruche-mère.

85. Les essaims secondaires, qui sortent des ruches huit ou quinze jours après le premier essaim, épuisent beaucoup la mère-ruche, où ils ne laissent presque que des bourdons. La sortie de ces essaims secondaire est précédée d'un phénomène qui n'a pas lieu au premier. C'est le champ de la reine que l'on entend, le soir ou le matin, par intervalles, la veille ou l'avant-veille du départ. Ce champ, semblable à celui du grillon ou de la cigale, affaibli, ou à un tintement léger, est suivi d'un bourdonnement violent, qui a également lieu par intervalles. Il est évident que ce chant n'est qu'un cri de la reine, ou un son aigu que rendent ses ailes, qui annoncent sa joie ou plutôt son malaise, et qui détermine le départ. Cependant on entend souvent, le soir, plusieurs reines à la fois dans différents endroits de la ruche. Tout cela est assez difficile à expliquer, mais importe peu dans la pratique.

§ 16.

Combats des Abeilles et Pillage des Ruches.

86. Lorsqu'une ruche n'a pas de provisions de miel au commencement du printemps ou à la fin de l'été, les mouches qui la composent se jettent quelquefois sur quelqu'autre ruche qui a des provisions, mais peu d'abeilles pour la défendre, et surtout dont l'*entrée est trop grande* et facile à forcer; elles en pillent le miel. Les ruches où l'attaque est la plus facile sont ordinairement celles où l'activité a cessé par la maladie ou la mort de la reine.

87. Les abeilles d'une ruche connaissent les étrangères qui se présentent. On les voit, sur le devant de l'entrée, chercher à les piquer avec leur aiguillon, qui ne peut entrer que dans les articulations, le restant du corps étant invulnérable. Tantôt elles se jettent plusieurs sur une seule; tantôt et plus souvent, elles se livrent des combats singuliers, se roulent, se traînent sur la table, à terre ou dans les airs, jusqu'à ce que l'une succombe ou échappe des pattes de son ennemie. Mais si le nombre des assaillantes augmente, si la ruche attaquée est faible en population, si l'entrée d'une pareille ruche est *trop grande*, alors les assiégées sont obligées de céder au nombre, et l'entrée de la ruche est forcée, non sans un grand carnage de part et d'autre. Dans cette extrémité, les abeilles de la ruche qui survivent, se joignent, dit-on, à celles qui pillent, et dont la foule arrive de plusieurs autres ruches. En un instant la ruche pillée est perdue. Le reste de la population se disperse et périt, après avoir porté souvent à son tour le désordre et le pillage dans tout le rucher.

§ 17.

Des effets de la Chaleur et du Froid sur les Abeilles.

88. Les abeilles, comme la plupart des insectes, sont extrêmement sensibles au froid. Hors de leur ruche, une fraîcheur seulement de 9 à 10 degrés, non pas au-dessous mais au-dessus de la congélation, suffit pour les engourdir et les faire périr. Ce n'est cependant que le temps *tempéré*, échelle de Réaumur.

89. Mais dans leur ruche, les abeilles bravent les froids les plus rigoureux, tels que ceux de Pologne et de Russie, où l'on voit beaucoup d'abeilles. Au moyen d'un thermomètre, inséré dans un étui, plongé et mastiqué dans le milieu de la ruche, on a fait d'utiles expériences. On a reconnu que, durant la belle saison, la chaleur intérieure des ruches est de 25 à 28 degrés Réaumur. Mais quand la chaleur s'y élève à 32 degrés, les abeilles ne peuvent y tenir, craignant sans doute d'ailleurs le ramollissement de leurs constructions en cire. Alors elles sortent peu à peu et en grand nombre de la ruche, se groupent à l'entrée ou sous la table, restant ainsi oisives, ne rentrant que lorsque la chaleur a diminué dans l'intérieur.

90. Durant l'hiver, les abeilles sont groupées et serrées entre les rayons, au centre de la ruche, et quelques-unes plongées dans des alvéoles vides. Elles ne se désunissent point tant que le froid dure. On les croyait autrefois engourdies, mais elles ne le sont point. Elles y sont fort vives, et maintiennent au centre une chaleur de 18 à 20 degrés. Cette chaleur est entretenue, ou par un mouvement

court et rapide de leur corps et de la naissance de leurs ailes, ou par leur seule agglomération. Si, pendant l'hiver, on prête l'oreille à l'entrée d'une ruche, on entend un bourdonnement perpétuel, et si, durant les plus grands froids, on fait l'expérience fatale de partager une ruche, on y trouve les abeilles fort vives ; elles voltigent dans l'air et périssent à l'instant.

91. Les auteurs disent que dans cet état d'agglomération d'hiver, les abeilles mangent un peu de miel sans se déranger. Celles qui sont près des rayons en font, dit-on, passer aux autres, qui en communiquent aux suivantes avec leur trompe. Pour moi, je pense que tant que le froid les tient groupées, elles ne mangent ni ne se vident. Mais s'il survient un jour plus chaud, elles en profitent pour se nourrir un peu et se grouper différemment. En effet, les abeilles ne se vident jamais dans la ruche, et tant qu'il fait froid elles ne sortent pas ; or, ne se vidant pas, elles ne doivent guère manger.

92. Il est donc heureux pour les abeilles et pour leur propriétaire que le froid ne soit pas entrecoupé de jours chauds, durant lesquels les abeilles se désunissent, sortent, prennent appétit dehors, après s'être vidées, et, ne trouvant rien, rentrent et consomment leurs provisions. Un froid continu de l'automne au printemps leur est, comme on voit, très-salutaire.

§ 18.

Durée de la Vie des Abeilles.

93. On ignore la durée de la vie des abeilles. On présume qu'elles meurent dans le cours de la seconde année

de leur naissance, mais que la ruche est sans cesse renouvelée par le couvain qui éclot tous les ans. Une preuve qu'il meurt beaucoup d'abeilles chaque année, c'est que les ruches qui n'essaiment pas, ont cependant du couvain, qui, éclosant, ne fait nécessairement que remplacer les abeilles qui meurent.

94. D'ailleurs, on voit périr un grand nombre d'abeilles par toutes sortes d'accidents : par les froids d'hiver, qui atteignent les abeilles les plus basses dans la ruche; par les fraîcheurs subites du printemps et de l'automne, qui les saisissent dans les champs; par l'usure de leurs ailes, qui ne peuvent plus les reporter à la ruche; par les pluies d'orage, et par les oiseaux qui les mangent.

95. Les premiers jours de leur naissance, les abeilles sont moins brunes que les autres. Les premiers mois, elles conservent un point blanc à l'extrémité du ventre, qui s'efface dans l'année.

§ 19.

Instinct admirable des Abeilles.

96. Il est peu d'animaux dont les travaux et l'instinct soient si étonnants que ceux des abeilles. J'ai pensé qu'il serait curieux de les remarquer.

97. *Font sentinelle.* — Durant la belle saison, un certain nombre d'abeilles, dix, vingt, cinquante, font continuellement sentinelle à l'entrée de la ruche, pour la garder et la défendre contre les autres animaux. On les voit aller et venir comme des védettes, sonner l'alarme en cas de danger, par un bourdonnement précipité, et se jeter sur

les assaillants, tandis que les abeilles de la ruche accourent en foule.

98. *Leur courage.* — C'est une chose bien remarquable que le courage de ces petits insectes. Dans les champs, l'abeille, tout occupée de sa récolte, n'attaque personne; elle fuit le danger. Au moment de la sortie de l'essaim, n'ayant encore aucune provision à défendre, elle est assez douce, se laissant manier sans colère, pour peu cependant que l'on prenne de précautions; mais dans sa ruche et autour, quand elle craint pour les provisions ou pour le couvain, elle se jette avec audace sur les plus gros animaux, sur ceux qui sont plus forts qu'elle. Elle combat les guêpes et les frelons qui cherchent à pénétrer dans la ruche. L'homme même ne l'effraie point. Lorsqu'elle en redoute une attaque, elle se jette sur lui; et, lors même qu'elle est assez familiarisée pour laisser manipuler sa ruche, elle ne recule jamais, et se laisserait écraser sous les étages et les instruments si on n'y prenait garde. Au reste, on connaît qu'une abeille veut piquer, à sa colère, qui se manifeste par un bourdonnement plus aigu, plus agité, plus ondoyant. Une chose bien remarquable, c'est qu'en nous piquant l'abeille sacrifie sa vie pour la défense de ses foyers. On a vu, n° 22, que l'aiguillon reste dans la plaie, et arrachant le bout de son ventre, elle meurt quelques heures après.

99. *Travaillent dans l'obscurité.* — Les abeilles travaillent à leurs admirables constructions dans la plus profonde obscurité. Comment peuvent-elles mettre chaque chose à sa place, ne laisser rien d'imparfait, nettoyer tout, en un mot, apporter tant de régularité et de symétrie dans leur ouvrage au milieu d'une nuit profonde? Leurs yeux

sont-ils propres à voir la nuit? Ou bien plutôt leurs antennes, avec lesquelles elles paraissent toucher rapidement tous les objets, leur servent-elles à tout reconnaître?

100. *Leur odorat.* — Il paraît que les abeilles ont un odorat exquis, semblable peut-être à celui du chien de chasse. On les voit, au printemps, se diriger en foule du côté où sont des champs de colza ou autres fleurs, qui se trouvent cependant à de grandes distances, et cela sans avoir erré pour les chercher. L'odeur du miel les attire également dans les maisons et partout où il se trouve. Les vents leur apportent sans doute le parfum des fleurs, et l'ordre admirable de la nature ne permet pas de douter que l'abeille ne soit douée d'un excellent odorat dont elle a besoin.

101. *Leur société, ordre et police.* — Les abeilles, comme les fourmis et quelques autres insectes, vivent réunies en société. Non contentes d'avoir pourvu à leurs besoins personnels, elles travaillent sans relâche, dans l'intérêt commun. L'égoïsme est un vice qu'elles ne connaissent point, et l'on trouve chez elles des vertus publiques. Quelle police intérieure! Quel ordre dans leur travail! Chaque abeille sait, aussitôt qu'elle a quitté sa robe de nymphe, ce qu'elle doit faire en particulier. Jamais il n'y a parmi elles la moindre confusion, le moindre désordre, soit qu'elles sortent de la ruche ou qu'elles y rentrent, soit qu'elles fabriquent ou qu'elles nettoient les alvéoles, soit qu'elles remplissent de miel ceux qui y sont destinés, ou qu'elles soignent les abeilles naissantes, les léchant et leur présentant de la nourriture. Elles volent aux champs, et déjà elles savent cueillir ou du miel ou du pollen, suivant que la ruche a plus besoin de l'un que de l'autre. Qui

leur indique le moment où, de concert, elles doivent poursuivre et massacrer les bourdons, suivant qu'ils sont utiles ou à charge à la ruche? L'époque arrive, tantôt plus tôt, tantôt plus tard, suivant la saison, et les voilà qui déclarent une guerre mortelle à ces fainéants parasites, avec lesquels elles vivaient en paix la veille. Qui leur fait connaître d'avance le danger de laisser entrer dans leur ruche le gros papillon, le sphinx à tête de mort, et qui leur apprend, pour s'en garantir, à rétrécir, à l'époque où il paraît, l'entrée trop grande de la ruche, avec de la propolis, en y pratiquant des voûtes, des arcades, des poternes, dont les sinuosités imitent l'art des Vauban pour la défense? Quel enchaînement admirable de phénomènes successifs présentent ces faibles insectes dans leur police, leur gouvernement intérieur et leurs travaux !

102. *Se connaissent toutes.* —L'expérience nous apprend que les abeilles d'une même ruche se connaissent entre elles. Si quelqu'une des autres ruches se présente, soit pour piller, soit parce que sa ruche aura péri, les sentinelles se jettent aussitôt sur elle à l'entrée de la ruche ; les abeilles de l'intérieur accourent, et l'étrangère reconnue est chassée ou percée d'aiguillons et jetée dehors. Les abeilles auraient-elles toutes une physionomie différente qui les fasse reconnaître entre elles, de même que nous reconnaissons au visage vingt à trente mille individus différents ? Ou bien l'hésitation de l'étrangère suffit-elle pour la faire remarquer ? Ou bien, enfin, est-ce par l'odorat que les abeilles d'une même ruche se reconnaissent entre elles ?

103. *Leur mémoire.* — Ce que nous venons de dire nous conduit à remarquer la mémoire étonnante des abeil-

les. Le propre des petits animaux, des insectes surtout, est de n'avoir que fort peu de mémoire. Le cerveau d'une abeille en est doué d'une bien grande. Comment reconnaissent-elles leur ruche entre cent qui sont toutes semblables, à nos yeux? Comment, nouvellement placées dans un canton boisé, coupé de vallons et de coteaux, se hasardent-elles à perdre leur ruche de vue? C'est que lorsqu'elles sortent pour les premières fois, elles voltigent quelque temps, à reculons autour de leur ruche, pour la reconnaître; puis, s'éloignant davantage à chaque course, elles fixent dans leur mémoire les routes aériennes qu'elles ont parcourues à travers les objets intermédiaires de la campagne. Dans tout cela, quelle intelligence et quelle mémoire! J'ai remarqué que si on fait à la ruche une ouverture dans un tout autre endroit que la porte ordinaire, celles d'entre les abeilles qui seront sorties par là, pour se porter au loin, chercheront toujours à y passer à leur retour. Elles ne se décideront à entrer par la porte ordinaire, que lorsqu'elles se seront bien assurées que l'ouverture est bouchée. C'est pour cela que, pendant la belle saison, il ne faut guères changer les objets environnant la ruche, et surtout ne point la déranger; car si on la transporte, ne fût-ce que de quelques pas, un grand nombre vient périr à la même place.

104. *Géométrie dans leurs constructions.* — Il n'est pas sûr qu'un géomètre résolve sur-le-champ le problème suivant: « Construire, 1°dans le plus petit espace possible; » 2° sans vides intermédiaires; 3° des cellules presque » rondes; 4° terminées en pointes dans le fond; et » 5° sans que néanmoins la cire soit plus épaisse dans au- » cun endroit. » Si, à l'aide de la méditation, il en vient à

bout, ce ne sera qu'en suivant l'admirable construction des alvéoles d'abeilles, seule forme qui remplisse ces conditions données. Qu'on relise les paragraphes des alvéoles et des rayons, on verra que si les alvéoles étaient ronds, il y aurait entre eux du vide ou des épaisseurs de cire ; s'ils étaient carrés, il y aurait du vide autour du corps de l'abeille, dans les angles ; s'ils se correspondaient parfaitement, ils ne pourraient pas être en pointe dans le fond ; tandis que le fond d'un alvéole étant au milieu de trois autres alvéoles opposés, il peut y avoir enfoncement sans épaisseur de cire. Quelle admirable combinaison !

105. *Prévoient le temps.* — Les abeilles, comme beaucoup d'animaux, pressentent le mauvais temps. S'il est incertain, elles ne s'éloignent pas beaucoup de leur ruche. Une pluie douce ne les empêche souvent pas de sortir. Mais à l'approche d'une pluie orageuse, on les voit, avant que les premières gouttes soient tombées, rentrer en foule dans la ruche, surtout si le tonnerre se fait entendre. Cependant, comme c'est au moment où le temps est disposé à une pluie chaude, que le miel perce davantage dans les fleurs et dans les plantes, c'est dans ces moments que l'on voit les abeilles travailler en plus grand nombre. Elles ne cessent leurs courses que lorsque le mauvais temps est prêt à éclater. Mais alors elles ont soin de n'étendre ces courses qu'à de plus courtes distances, pour n'être pas surprises par l'orage.

106. *Rapidité de leur vol.* — Auprès de la ruche, les abeilles qui rentrent volent lentement, comme autour des fleurs, dans la crainte, sans doute, d'être heurtées par celles qui sortent avec rapidité ; mais dans les airs, les abeilles volent avec plus de vitesse qu'un oiseau : on les aperçoit à peine passer comme un trait.

107. *Leur économie*. — Nous avons déjà remarqué que les abeilles transportent dans leur magasin tout ce qu'on leur donne de mielleux ou de sucré. Elles ne consomment jamais rien inutilement, et leur activité au travail est infatigable.

108. *Leur attachement à la reine et au couvain*. — Quand la reine meurt et qu'il n'y a point de couvain propre à la remplacer, les abeilles, dans le deuil, se livrent au désespoir. On remarque leur allure inquiète d'abord, errantes dans la ruche et sur la table ; puis l'anarchie la plus complète règne parmi elles : elles pillent le miel, déchirent les alvéoles, se dispersent et périssent. Mais si, au même instant, on leur donne une reine ou du couvain propre à en produire une, le désordre cesse, et les travaux recommencent, après qu'elles l'ont approchée, que plusieurs lui auront donné du miel avec leur trompe, et que son odeur ou sa seule présence aura, peu à peu, communiqué l'activité à toute la ruche.

109. *S'apprivoisent*. — Les abeilles qui ne voient jamais personne autour de leur ruche, deviennent plus farouches ; celles dont on approche souvent, se familiarisent beaucoup, et permettent de leur donner des soins sans danger. Je fais manger du miel sur mes mains à des milliers d'abeilles, qui s'y rendent en foule sans qu'aucune me pique. C'est un plaisir de voir comment, les jours suivants, elles me distinguent des autres personnes dans mon jardin, me suivent, et voltigent autour de moi pour me demander du miel. Cet amusement réussit mieux dans un temps où il n'y a rien à récolter dans la campagne ; mais il peut être nuisible, s'il attire les abeilles hors de la ruche par un temps trop frais. Dans la belle saison, si on le pratiquait

souvent, il détournerait les abeilles de leurs courses cham-
pêtres. Au reste, c'est un fait remarquable que lorsqu'on
donne du miel aux abeilles et qu'elles le portent en foule
dans leur ruche, elles ne piquent plus et laissent manipuler
la ruche sans colère. Toutes celles qui l'ont senti deviennent
douces, à moins que leur irritation n'ait précédé.

110. *Ruches d'observation.* — On a fait des ruches
vitrées pour voir travailler les abeilles, et faire des expériences ; mais ces insectes enduisent le verre de propolis,
et travaillent tellement agglomérées sur leur ouvrage, qu'il
est bien difficile de voir comment elles s'y prennent. Les
auteurs proposent un cadre d'un pied de large sur un pied
et demi de haut, épais de vingt lignes, vitré des deux côtés,
ayant une seule ouverture par le bas. On y introduit, non
sans peine, un essaim, qui doit être petit. Il ne peut y construire qu'un seul rayon, dont on voit les deux faces. De
crainte que les abeilles n'enduisent le verre de propolis, on
couvre cette ruche d'une étoffe épaisse ou d'une caisse pour
intercepter le jour quand on ne l'observe pas. Les abeilles
ne peuvent y passer l'hiver, faute de chaleur. On doit
d'ailleurs pouvoir ouvrir les vitres pour mieux observer.
On peut aussi voir travailler les abeilles sur une ruche ordinaire en abouchant un verre ou un compotier sur un trou
du couvercle.

111. M. Hubert a imaginé une ruche à feuillets, décrite
dans le livre de M. Lombard, ou dans Féburier, page 432.
C'est à l'aide de cette ruche qu'il a découvert tant de choses
étonnantes sur les abeilles. Quant à moi, je déclare qu'ayant
soulevé et ouvert bien des ruches, fortes, faibles, j'ai toujours vu les abeilles couvrant leur ouvrage en foule com-
pacte, ce qui ne m'a pas permis de les voir travailler : je ne
sais comment d'autres auront été plus heureux.

SECONDE PARTIE.

De la Construction des Ruches.

112. De la bonne construction des ruches dépend leur réussite et la facilité de leur exploitation.

113. Après avoir décrit la ruche vulgaire d'une seule pièce, la ruche en paille en plusieurs pièces, et en avoir signalé les inconvénients, je donnerai la construction de la *Ruche à étages perfectionnée*, d'après ma méthode.

§ 1er.

La Ruche ancienne d'une pièce.

115. La ruche d'une seule pièce, malgré ses grands inconvénients, est encore la plus en usage : 1° à cause de la facilité avec laquelle on la construit ; 2° parce que c'est la plus ancienne qui ait été inventée.

116. *Sa construction.* — Cette sorte de ruche est en

bois ou en paille. Celle en bois est faite avec quatre planches, formant une caisse carrée d'environ 35 centimètres sur 50 de haut ; elle est recouverte d'une planche liée à la ruche par quatre ou huit ligatures en fil de fer recuit, attachées et tordues à des clous. Elle n'a, comme toutes les ruches, d'autre fond inférieur que la table sur laquelle elle repose ; elle est tenue soulevée sur le devant par de petites cales de 6 à 8 millim., pour former la sortie des abeilles. Deux baguettes sont placées horizontalement et en croix dans le milieu de la hauteur de la ruche, servant à soutenir le poids des rayons.

117. La ruche en paille est formée de rouleaux de paille, liés avec du bois refendu, comme les paillassons à cuire le pain. Cette ruche, est ronde ; le dessus est ordinairement terminé en voûte.

118. *Manière de la gouverner.* — Cette manière est simple : au mois de mars, on récolte la ruche en bois en levant la planche qui la couvre ; couchant la ruche sur une chaise, et faisant reculer les abeilles avec de la fumée, on coupe avec un couteau ou un fer à tailler les rayons de miel qu'on enlève, laissant aux abeilles une assez ample provision pour vivre jusqu'à la belle saison. On récolte ordinairement la ruche en paille en faisant périr les abeilles par la fumée de soufre, la troisième année de l'existence de l'essaim, après qu'elle a multiplié les deux premières années, sans qu'on y ait rien récolté.

119. *Ses avantages.* — Cette ruche à l'avantage 1° d'être d'une facile construction ; et 2° de laisser aux abeilles une continuité dans leurs travaux de haut en bas ; ce qui permet aux abeilles de se grouper sans séparations, et d'expulser facilement les immondices et les abeilles mortes.

120. *Ses inconvénients.* — Les inconvénients graves de cette espèce de ruche la rendent très-défectueuse : 1° On ne peut y récolter le miel qu'avec difficulté, ou en faisant périr les abeilles ; 2° on ne peut pas, sans un grand danger, y faire des récoltes de miel blanc en été, et on ne le tente pas ; 3° on ne peut jamais renouveler la vieille cire du centre de la ruche où est le couvain, qui s'y altère par le rétrécissement des alvéoles qui s'épaississent ; 4° on ne peut pas y faire des essaims artificiels par le partage de la ruche ; 5° lorsque les teignes y ont pénétré, elles s'y maintiennent plus facilement, et détruisent souvent la ruche sans qu'on puisse y porter remède ; 6° enfin, on ne peut pas augmenter ou diminuer la capacité de la ruche à mesure du besoin et du travail des abeilles, auxquelles il ne faut ni un trop grand vide qui les refroidit et occasionne la moisissure, ni un trop petit espace qui comprime leurs travaux.

§ 2.

Ruches en paille en plusieurs pièces.

121. On fait des ruches en paille par économie ; cependant, elles demandent beaucoup de travail pour être bien faites. Je ne les conseille pas, car il est trop difficile d'en extirper les fausses teignes, qui font promptement périr la ruche.

122. M. Lombard, qui professe la culture des abeilles en amateur éclairé, avait, en 1812, publié la construction d'une ruche en paille, dans laquelle il plaçait un plancher percé, intermédiaire sur le corps de la ruche, surmonté d'un cha-

piteau, dans lequel les abeilles devaient travailler ; mais souvent elles se contentaient de ne travailler qu'en dessous du plancher percé. En second lieu, il était tout aussi impossible d'y renouveler la vieille cire que dans la ruche ancienne ; aussi M. Lombard imagina-t-il, en 1822, de partager le corps de ruche en deux parties, séparées par un autre plancher percé, ce qui rendit sa ruche un peu meilleure. Mais j'ai éprouvé que l'enlèvement d'un demi-corps de ruche appauvrit trop en cire et devient presque impossible à cause du couvain, et, d'ailleurs, si on met un demi-corps vide, les abeilles ne travaillent plus dans le chapiteau.

123. Frappé de ces inconvénients, M. Radouan, en 1826, a publié la construction d'une ruche à plusieurs hausses ou étages, en paille, dans laquelle il a supprimé les planchers qu'il a remplacés par de nombreuses baguettes de quinze lignes en quinze lignes, à côté les unes des autres, dans le haut de chaque hausse. Il espérait sans doute que les abeilles interrompraient la continuité de leurs constructions, comme sur les planchers, mais le plus souvent elles ne le font pas. C'est pour cela que, ne pouvant enlever le chapiteau ou hausse supérieure, et que même un fil de fer ne pouvant passer pour couper les rayons entre les rouleaux de paille où il ne peut glisser, il est obligé d'éclater ses ruches avec une hache pour enlever le chapiteau, que, d'ailleurs, il n'a pu purger d'abeilles avec de la fumée, à cause du bombé de ce chapiteau. Qu'on juge alors de la fureur des abeilles ! En été, l'opération devient impossible.

124. Quant aux dessus bombés en voûte ou dôme, ces messieurs les préfèrent aux dessus plats, attendu, disent-ils, que les vapeurs qui s'amassent l'hiver contre cette voûte, coulent sur les côtés sans retomber sur les abeilles ;

mais les aspérités dont sont hérissés ces dessus bombés ne les en préservent pas quand ils sont vides ; et quand ils sont pleins de constructions, il en est de même. Après avoir fait usage de toutes ces espèces de ruches, j'y ai complétement renoncé. — On trouve dans l'*Encyclopédie du 19ᵉ siècle* la description de la ruche d'un auteur anglais, qui prétend y avoir fait des récoltes prodigieuses. Elle est composée de trois corps de ruches, accolés à côté les uns des autres et communicant ensemble par plusieurs ouvertures. Dans le corps du milieu, dit-il, est le couvain ; et l'on peut enlever à volonté un des deux autres alternativement, pleins de miel. — Mais il est évident qu'on y trouvera aussi du couvain et des abeilles qu'on ne pourra en chasser : le plus souvent on n'y trouvera rien. Dans tous les cas, il sera impossible de renouveler la cire du corps du milieu, etc., etc. Elle aura mille inconvénients.

§ 3.

La Ruche à étages, en bois, perfectionnée d'après ma méthode[1].

125. On vient de voir les grands inconvénients des ruches anciennes. Depuis longtemps, on publie chaque jour un grand nombre de diverses constructions de ruches ; mais pour réussir il faut trois choses : 1° *remédier* aux inconvénients de la ruche vulgaire ; 2° *conserver* les avantages qu'elle présente ; et 3° ne pas *créer* d'autres inconvé-

---

[1] On trouvera à acheter des ruches à étages, pour modèle, à Saint-Marcellin, chez le menuisier que j'emploie.

nients, souvent plus fâcheux que ceux qu'on a voulu éviter.

126. Atteindre ce but est plus difficile qu'on ne le croirait au premier aperçu.

127. Je ne parlerai donc point d'une multitude de ruches inventées à plaisir et que la pratique rejette, telle que la ruche de l'abbé della Roca, moins haute que longue ; celle de Féburier, qui, se partageant de haut en bas, enlève autant de couvain que de miel ; celle de Varembey, dont les planchers intermédiaires interceptent l'air, séparent et refroidissent le groupe d'abeilles en hiver, et empêchent aux immondices et abeilles mortes de tomber jusqu'en bas. Toutes ces ruches que j'ai essayées m'ont fait perdre beaucoup d'essaims.

128. Ma *ruche à étages* est composée de quatre, cinq ou six cadres ou tiroirs sans fond, superposés les uns sur les autres ; elle est recouverte d'un dessus plat. Elle a l'apparence de la ruche ordinaire, quoique divisée *horizontalement* en plusieurs segments, qui n'ont cependant aucune séparation entre eux. Quand on veut en enlever un, on le sépare en passant un fil de fer souple et fin qui coupe les rayons.

129. Ceux qui partagent la ruche *verticalement* de haut en bas, ne peuvent réussir ; car, s'ils placent des cloisons séparatives, les abeilles travaillent d'un côté plutôt que de l'autre, et s'il n'y en a point, on ne peut ouvrir la ruche, lorsqu'un rayon se trouve sur la jonction. D'ailleurs les abeilles plaçant toujours leur miel dans le haut de la ruche, c'est cette partie qu'il faut pouvoir enlever seule, laissant intact le milieu où est le couvain. On dirait que les nouveaux inventeurs de ruches ignorent cet ordre constant dans le travail des abeilles !

130. En 1776, M. Palteau a, le premier, donné la construction d'une ruche, composée de quatre, cinq ou six étages qu'il appelle *hausses*. Mais ces étages avaient des demi-planchers inutiles qui, chargés de propolis, arrêtent le fil de fer dans son passage. Ils étaient en bois trop mince qui exigeait un surtout peu maniable. Mais il avait mis sur la voie de la bonne construction.

130 *bis*. Dans un fort bon ouvrage publié en 1806, M. Baunier a supprimé les demi-planchers, qu'il a remplacés par des baguettes en croix ; mais il a conservé le bois trop mince, et a laissé reposer le derrière de la ruche sur la table, ce qui ne permet pas d'extirper facilement les vers de teigne qui s'y logent. J'ai remédié à ces inconvénients graves ; et j'ai ajouté plusieurs perfectionnements importants qui en font une ruche qui se prête avec plus de facilité à l'extraction du miel et à tous les soins à donner aux abeilles.

§ 4.

Construction des Etages.

131. La ruche à étages, telle que je la construis (fig. 6) est composée de quatre, cinq ou six *étages* réunis, le nombre variant suivant la population et l'étendue du travail des abeilles. Elle est recouverte d'une planche ou *couvercle*. Elle repose sur trois *cales* de sept millimètres d'épaisseur, clouées sur une petite *table*. Cette table est supportée par des *piliers*. Enfin, chaque ruche isolée est garantie de la pluie et du soleil par un *chapeau* de paille ou de zing.

132. Les *étages* (fig. 1) qui forment le corps de la ruche doivent être d'un bois *tendre et léger*, qui est moins conducteur de calorique qu'un bois dur et pesant. En été, la chaleur du jour y pénètre moins rapidement ; et en hiver la chaleur naturelle que les abeilles entretiennent dans la ruche ne se dissipe et n'en sort que lentement ; de sorte qu'elle est toujours remplacée par celle qui émane continuellement du groupe d'abeilles. Tel est l'effet d'un vêtement, qui est d'autant plus chaud qu'il est plus mou et d'une matière plus légère. Les bois résineux paraissent plaire aux abeilles. Le pin, le sapin, le mélèze, sont les meilleurs. A leur défaut, on peut employer le tilleul, le saule, etc. Il faut que le bois soit sain, et qu'il n'ait contracté aucune mauvaise odeur. Il faut qu'il soit très-sec et sans nœuds, afin de ne point se retirer. S'il a, avant que d'être séché, passé plusieurs mois dans l'eau, les insectes le piquent moins.

133. Formez quatre planches, bien développées, de 25 millimètres d'épaisseur, de 34 centimètres de long sur huit et demi de large. Je conseille de ne pas dépasser ces limites ; car, si on fait les étages plus larges, les abeilles enveloppant moins bien les rayons, les fausses teignes et la moisissure s'en empareront plus facilement. Les abeilles travaillent moins bien dans une ruche large, et surtout ne donnent pas autant d'essaims. D'une autre part, si on faisait les étages plus hauts, il arriverait souvent qu'en récoltant, on enlèverait trop aux abeilles, ou qu'on gâterait le couvain. C'est donc un point des plus essentiels de ne pas dépasser ces dimensions. Je le recommande d'autant plus, qu'on est toujours porté à augmenter la capacité des étages, afin d'avoir plus de miel, ce qui finit par produire un effet tout

contraire. Bien entendu que les étages seront tous parfaitement semblables (Voyez fig. 1re). Les étages de mes premières ruches étaient, comme ceux de Baunier, de 32 $^1/_2$ centimètres sur 9 $^1/_2$. Mais ces ruches étroites donnaient trop d'essaims et pas assez de miel.

134. Coupez les bouts des quatre planches bien carrément. On peut les assembler de plusieurs manières ; ou à entailles, ou à queue d'aronde, ou bout à bout. Je préfère l'assemblage *à entailles*, plus simple qu'à queue d'aronde, et plus solide que bout à bout. Ainsi, à 25 millimètres des bouts de chaque planche, tracez un trait tout le tour avec une équerre de menuisier. Puis, avec un *trusquin*, tracez un autre trait au milieu du plat des bouts de la planche, séparant et croisant le premier trait à angles droits. Le trusquin sera par conséquent ouvert de 4 centimètres et $^1/_4$. Avec une scie fine, faites sauter, par deux traits de scie, une des deux portions séparées par le trusquin, de manière à faire une entaille ou échancrure au bout de la planche, laissant en tenon l'autre moitié du bout. Faites-en autant à l'autre bout de la planche ; mais ayez soin que l'entaille soit du même côté que le tenon du bout opposé ; et que, par conséquent, le dernier tenon soit sur le même bord que la première entaille. Préparez de même les trois autres planches.

134 *bis.* Ayez de bonnes pointes de Paris, renforcées, de 5 à 6 centimètres de long. Enfoncez à demi une pointe au milieu d'un tenon, et, plaçant ce tenon dans une entaille d'une autre planche, *faites bien joindre*, et achevez d'enfoncer la pointe. Faites-en autant aux trois autres tenons. Enfoncez et noyez dans le bois les têtes des pointes, afin que s'il vient à sécher elles tiennent encore. On peut

ajouter une seconde pointe vers chaque endroit. Ainsi clouées, ces quatre planches forment un cadre ou tiroir sans fond que j'appelle un *étage* (Voyez la figure 1re sur la planche).

135. L'étage fait, on le *dégauchit* au rabot. On connaît au coup d'œil, rasant deux bords opposés, s'ils sont bien dégauchis, c'est-à-dire parallèles. On peut aussi s'en assurer en posant l'étage sur une glace, une table de marbre, ou toute autre surface bien dressée et dégauchie. Les étages dégauchis ne balottent point les uns sur les autres.

136. Pour soutenir les rayons, surtout lorsqu'en récoltant on les coupe avec le fil de fer, on place deux baguettes dans chaque étage. On ne les croise pas. On les met de gauche à droite de l'étage. La gauche d'une ruche est du côté de la main gauche de quelqu'un qui se tient derrière la ruche ; la droite est de l'autre côté. On place ces baguettes à un demi-centimètre des bords du bas des deux faces de l'étage , et chacune à dix centimètres des angles extérieurs.

136 *bis*. Pour placer ces baguettes, on perce l'étage de quatre trous, aux points ci-dessus désignés, avec une mèche anglaise d'un centimètre. On fait des baguettes de sapin ou autre bois droit, ferme et de fil, de 34 centimètres de long, sur 1 centimètre carré. On les prépare à la scie et au rabot. Puis on les met à 8 pans, et enfin on les arrondit. Après avoir séparé de la ruche avec le fil d'archal, un étage plein de miel, on repousse ces baguettes, ou bien, retournant l'étage, on les dégage d'avec les rayons de miel avec un couteau.

137. Les étages ainsi confectionnés sont placés les uns sur les autres pour former la ruche. On a bien soin de

tourner les bouts des baguettes vers les à-côtés de la ruche, et de les placer en dessous pour soutenir les rayons qui garniront l'étage.

138. Pour assujettir les étages entre eux, les auteurs y mettent des crampons et des crochets. Mais, tantôt ils sont trop lâches si le bois a séché, tantôt ils sont trop courts s'il se trouve la moindre chose entre les bords des étages, et on ne peut les fermer. Je les lie avec des ficelles cirées ou poissées, que je remplace bientôt par du fil de fer.

139. Pour cela on a des clous appelés dans le commerce clous de 30, dont on ragrée la tête à la lime. On en plante 8 à chaque étage, savoir : 4 à 1 centimètre $^1/_2$ des bords d'en haut, et 4 à 1 centimètre $^1/_2$ des bords d'en bas de chacune des quatre faces, et au milieu de la longueur desdits bords. Pour empêcher que le bois ne fende, on y prépare les trous avec une grosse alène carrée. On ne les enfonce pas entièrement ; on laisse ressortir les têtes des clouds de 5 millimètres en dehors, et l'on scie la pointe en dedans, ras le bois, avec une lime ou une scie à fer.

140. C'est à ces clous que l'on accroche la boucle d'une ficelle cirée, longue de 20 centimètres environ, que l'on tortille au clou de l'étage correspondant.

141. Mais comme les ficelles se détachent ou pourrissent, je ne m'en sers que *dans le premier moment*. Je ne tarde pas à les remplacer par des ligatures en fil de fer. Pour cela j'emploie du fil de fer connu dans le commerce sous les numéros 7 ou 8, qui est à peu près de la grosseur d'une aiguille à faire des bas. On le recuit, le faisant bien rougir au feu, pour le rendre souple. On le coupe en mor-

ceaux de 12 centimètres de long, avec des tenailles coupantes d'horloger. Chaque morceau fait une ligature, en le passant au-dessus du clou d'en haut et au-dessous du clou d'en bas ; puis, avec des pinces plates on tord les deux bouts que l'on a croisés et l'on serre par là. Pour faire serrer encore davantage, on peut ensuite courber et fausser l'autre côté du fil de fer avec les pinces. On délie au besoin avec les pinces, ou l'on coupe avec les tenailles d'horloger, parce que le même fil de fer ne peut servir une seconde fois. Mais c'est une bien petite dépense. Il faut en avoir un paquet de coupés et prêts à servir.

142. Une ligature plus commode se pratique ainsi : au milieu de la face de l'étage, c'est-à-dire à 4 centimètres $^1/_4$ des bords de dessus et de dessous, on enfonce un anneau à vis (figure 9), où il est représenté de grandeur naturelle, long de 6 $^1/_2$ centimètres y compris l'anneau. On accroche au clou inférieur de l'étage supérieur à lier avec celui où sera l'anneau, un crochet mobile en fil de fer un peu fort, numéro 15 (figure 8) ; on passe la vis dans une boucle que l'on a faite à l'autre bout avec des pinces rondes. Pour que cette ligature soit suffisamment tirante, il faut, avant de replacer l'anneau à vis, que la boucle du fil de fer pendante *affleure* le bas du trou où l'on doit placer cette vis. Je ne me sers de cette ligature que pour les quatre faces de l'étage supérieur de la ruche à lier avec son couvercle, et pour l'étage inférieur seulement à deux ou trois faces à lier à la table. Lorsque le fil de fer tire trop ou trop peu, on le met de mesure, en courbant plus ou moins son crochet supérieur avec des pinces rondes. Pour éviter la rouille, on tient les vis graissées avec du suif de chandelle. Enfin, ces anneaux à vis ne coûtant que cinq centimes l'un, on

peut en mettre à tous les étages, ce qui dispense des autres ligatures en fil de fer. Mais si on craint la dépense des anneaux à vis, on fait un crochet mobile (figure 4). On accroche son bout recourbé au clou de l'étage supérieur, et l'on fait passer son crochet de l'autre bout, qui est recourbé seulement à angle droit, sous le clou de l'étage qui est dessous. Ces crochets ont environ 3 $^1/_2$ centimètres. On les met de mesure en courbant plus ou moins la partie supérieure avec les pinces rondes, ce qui est aisé, attendu qu'on peut les enlever. On a ainsi la facilité de les rendre tirants toutes les fois qu'on s'aperçoit qu'ils ne serrent pas bien. On a toujours provision de crochets et de fil de fer, ou d'anneaux à vis.

143. On fait aussi des demi-étages de 3 à 4 centimètres de hauteur, que l'on place quelquefois entre la table et la ruche, ainsi que nous l'indiquerons plus loin. Ces demi-étages portent de chaque côté des clous, ou plutôt des anneaux à vis, qui servent à les lier tout à la fois à la ruche et avec la table, avec de bons fils de fer, assez forts pour résister aux grands coups de vent.

§ 5.

Le Couvercle.

144. On ferme le dessus de la ruche avec une planche qui en forme le couvercle (Voyez fig. 2). Il est d'un bois tendre comme celui des étages, de 25 millimètres d'épaisseur sur 34 centimètres en carré. Si on n'y avait pas mis deux emboitures bouvetées par chaque bout du fil du bois, emboitures d'environ 3 centimètres, et que le couvercle se

fendît, on le renforçerait en le diminuant de 2 centimètres par chaque bout du fil du bois, et on y clouerait à la place, en travers, deux morceaux de cette dimension, avec 6 ou 8 pointes, etc. Il faut que le couvercle soit bien dressé et de même épaisseur partout. En le plaçant on a toujours soin de diriger le fil du bois de la planche du devant au derrière de la ruche.

145. On perce ce couvercle d'une rangée de quatre ou cinq trous, allant de gauche à droite ; c'est-à-dire que la rangée sera en travers du fil du bois de la planche. On se sert d'une mèche anglaise faisant un trou de 15 millimètres de large. Le milieu de ces trous sera à 12 centimètres du bord de devant. Ceux des bouts de la rangée auront leur milieu à 4 centimètres des bords des côtés du couvercle. On tiendra ordinairement ces trous bouchés avec des bouchons de bouteille, ou mieux avec des chevilles de bois tendre et sec. On les rend coniques et on enfonce peu profond pour pouvoir les retirer plus facilement ; quatre à cinq millimètres suffisent. Ils ne doivent pas s'élever au-dessus du couvercle au delà de 25 millimètres pour ne pas gêner le placement du tiroir à fumée décrit numéro 326. C'est par ces trous qu'on laisse passer les abeilles pour venir chercher dans un étage qu'on ajoute par dessus, la nourriture qu'on leur donne au besoin. C'est aussi par ces trous qu'on les laisse passer, lorsqu'on juge qu'elles pourront encore former de nouveaux rayons de miel dans un étage vide surmonté d'un autre couvercle, qu'on place au-dessus, en *chapiteau*. Ainsi cette rangée de trous croisera les rayons et leurs intervalles, d'où les abeilles pourront facilement monter par ces ouvertures.

146. On lie le couvercle sur la ruche au moyen de qua-

tre clous de 30 ou de 40 cent. plantés des quatre côtés dans le milieu de la longueur des bords ou champs du couvercle, toujours la tête non entièrement enfoncée. Ils correspondent ainsi à ceux de l'étage supérieur de la ruche ; on tord les quatre fils de fer en ligature serrée. Il faut que le couvercle joigne bien, de crainte des teignes. Au reste, on mastique, n° 273. — On peut aussi lier le couvercle avec des anneaux à vis, comme on l'a vu pour les étages (142).

§ 6.

La Table.

147. La table sur laquelle repose la ruche est une planche de 25 millim. d'épaisseur, de 38 centim. de large, sur 44 de long (v. fig. 3). La ruche étant placée dessus, 2 centim. restent en rebord derrière, autant de chaque côté, et 8 centim. forment le devant de la table. On peut couper 3 centim. aux angles de devant, qu'on arrondit un peu.

148. La ruche ne repose pas immédiatement sur la table ; elle porte sur trois cales, qui sont clouées sur cette table. Ces cales doivent être d'un bois sec et dur. Elles ne doivent avoir qu'une épaisseur juste de 7 millim., ni plus ni moins, afin que le gros papillon n'y puisse entrer (le sphinx à tête de mort, v. n° 265). La cale de devant, qui a 5 centim. de long sur autant de large, est fixée à la table avec deux pointes, à l'endroit où doit porter le milieu du bord de devant de la ruche, sans le dépasser en dehors. On plante dans la table, contre cette cale, une petite cheville, qui la surmonte un peu, afin que la ruche ne puisse

glisser en avant. Les deux autres cales ont 7 centim. de long sur 5 de large. On les cloue sur chaque angle de derrière de la table ; le sens de leur longueur dans le sens de la longueur de la table.

149. L'*entrée* des abeilles a lieu sur le devant de la ruche, de chaque côté de la cale. On bouche les autres ouvertures des côtés et du derrière, avec de petits *liteaux* carrés, de bois bien de fil, de 11 millim. carrés, sur 15 centim. de long (fig. 5). Ils reposent sur les rebords de la table, et appuient contre la ruche. Les deux de derrière sont un peu moins longs que les autres, étant entre les deux cales, qu'ils doivent toucher par bouts sans forcer. Il vaut mieux qu'ils soient courts, si la table se rétrécit en séchant, et y insérer du liége flexible, si elle s'élargit par l'humidité. Ces six liteaux sont retenus chacun par un coin de bois, qu'on glisse entre le liteau et un petit morceau de liteau cloué contre le bord, champ ou épaisseur de la table, qu'il surmonte d'un centimètre. Ces six arrêts peuvent être remplacés par de fortes pointes sans têtes, recourbées à angle droit.

150. Quand on veut diminuer la longueur de l'entrée sur le devant, on place, de chaque côté, vers les angles de la ruche, ou d'un seul côté au besoin, des liteaux plus courts, qui réduisent de moitié la longueur de l'entrée, d'un ou des deux côtés de la cale. On les arrête, comme les autres, par un coin placé entre eux et une cheville ou une pointe plantée sur la table.

151. Quand la table se gauchit ou baisse trop sous un des angles de devant, le gros papillon pourrait y entrer ; alors on soulève sous cet angle en mettant un coin sous la table.

152. On plante des clous de 30 ou de 40 millim., non

entièrement enfoncés dans le champ ou épaisseur de la table, précisément au-dessous de ceux de la ruche ; on lie la ruche à la table des trois côtés, avec du fil de fer bien recuit, mais un peu fort. On le tortille à ces clous ou aux anneaux de la ruche. Il est essentiel que la ruche ne puisse être renversée de dessus la table par les ouragans.

153. Depuis quelque temps, je fixe la ruche à sa table d'une manière plus solide, analogue à celle indiquée pour les étages, n° 142 ; avec cette différence que j'accroche *solidement* le fil de fer fort au clou de la table, et que la boucle qu'il porte à l'autre bout, étant relevée, reçoit l'anneau à vis, que je mets à la face de l'étage inférieur de la ruche. Il faut que cette ligature, ajustée avec les pinces rondes, tire assez pour que la ruche ne balotte pas par la force des vents. Il en faut une de chacun des côtés de droite et de gauche. Une derrière serait également utile. Ces ligatures sont faciles à défaire, au besoin. On en règle la tirée, en allongeant ou raccourcissant la portion recourbée, avec des pinces rondes.

154. Si la table ou les étages ont quelques trous ou quelque fente, on peut les remplir avec du goudron de bouteille fondu ; ou bien avec un mastic fait avec un tiers de poix résine, un tiers de cire ou de chandelle, et un tiers d'ocre ou de cendres, fondu et appliqué chaud, puis rasé à froid avec un ciseau.

155. Pour rendre la table solide, il faut y clouer dessous deux traverses, chacune de 25 millim. d'épaisseur, de 8 centim. de large, sur 37 centim. de long. On cloue celle de derrière sous la table, à 2 centim. du bord de derrière, et celle de devant à 18 centim. d'intervalle de la première.

Ainsi les deux traverses et les 18 centim. d'intervalle, font 34 centim. correspondants à la ruche qui est dessus la table.

156. Cette construction de table, que je crois avoir entièrement perfectionnée, présente les plus grands avantages : 1° le gros papillon, qui désole les ruches quand il y entre, ne peut pas passer sous une entrée qui n'a que 7 millim. de hauteur ; 2° on peut, durant le printemps, l'été et l'automne, nettoyer les vers des fausses teignes qui commencent toujours par se loger sous les bords des ruches ; 3° on peut augmenter, ou diminuer, ou fermer, à volonté, l'entrée des ruches, suivant le besoin ; 4° dans l'été, quand la grande chaleur intérieure force les abeilles à se grouper dehors, sans travailler, on peut les rafraîchir en leur donnant de l'air ou une sortie par derrière ; 5° dans l'été, quand on ajoute un étage vide par-dessous, les cales empêchent d'écraser des abeilles ; 6° les petits coins qui serrent les liteaux contre la ruche la rendent solide, ce qui est très-nécessaire quand on récolte le miel. En un mot, l'emploi de cette table avec ses cales et ses liteaux, est un des plus importants perfectionnements que j'aie imaginés.

§ 7.

Les Piliers.

157. Les piliers qui doivent porter la ruche seront peu élevés. Moins exposées aux vents, les abeilles entreront plus facilement dans la ruche. Sa manipulation sera plus commode ; et les essaims qui en sortiront s'éloigneront moins. Il suffit de la hauteur nécessaire pour garantir la ruche de l'humidité.

158. Les piliers les plus simples sont quatre pieux de 8 à 10 centim. de diamètre, sur 70 centim. de long, aiguisés par un bout et charbonnés au feu pour en augmenter la durée ; en châtaignier ou en mûrier ils durent beaucoup. On les enfonce en terre de 35 centim., de manière qu'ils sont élevés de 35 centim. On les met à la distance de 37 centim. les uns des autres de dehors en dehors, en carré. On y place la table dessus dont les traverses reposeront sur les bouts des piliers. Si elle ballotte, on enfonce, en frap pant dessus, le pilier qui est trop élevé. Il faut que la table ne penche ni à droite ni à gauche, mais que le devant soi plus bas que le derrière d'un demi-centimètre, afin que les immondices et abeilles mortes soient plus facilement amenées dehors par les abeilles. On donnera cette pente avec une équerre ou un couvercle carré, qu'on placera debout sur la table, guidé par un fil où l'on aura suspendu un petit caillou. On lie ensuite la table aux piliers avec du fil de fer recuit, tortillé à des clous plantés aux piliers et à la table, ou bien avec du fil de fer plus fort et des anneaux à vis.

159. On peut faire des piliers plus durables en pierres plates ou loses, plantées en terre sur champ, au nombre de deux, une devant et une derrière. On y fait des scellements pour attacher la table, que, sans cela, les vents pourraient renverser avec la ruche. On dégauchit et on dresse bien le dessus de ces piliers, de manière à donner à la table la pente légère indiquée plus haut.

160. Dans le pays que j'habite, j'ai la facilité d'avoir des quartiers de tuf de 50 centim. de haut, sur 38 en carré. Je fais planter le tuf en terre, enfoncé seulement de 10 cent.; on relève et on bat bien la terre contre pour la consolider.

On unit ensuite et on dégauchit bien le dessus du tuf pour que la table ne ballotte pas dessus, et qu'elle ait l'inclinaison d'un demi-centimètre sur le devant. Aux quatre faces du tuf on plante un clou, et, avec du fil de fer un peu fort, on lie ces clous avec ceux qu'on plante dans le champ de la table. Un bloc de pierre peut remplacer le tuf. Il faut veiller à ce que les fils de fer soient toujours suffisamment tirants, pour que les vents ne fassent pas ballotter ou renverser la ruche.

161. Les piliers portatifs sont plus commodes, mais plus coûteux. C'est un tabouret en bois dont on fait reposer les pieds, peints à l'huile ou au goudron, sur des pierres plates. On a soin, pour qu'ils ne chavirent pas, de lier ces pieds, avec du fil de fer, à des piquets plantés en terre. Mais ces piliers, malgré ces précautions, pourrissent à la longue : je préfère les pierres ou les tufs.

§ 8.

Le Chapeau.

162. Le chapeau qui couvre la ruche la met à l'abri de la pluie, du trop grand soleil et du trop grand froid, en hiver.

163. On pourrait, il est vrai, placer les ruches sous un toit commun ; mais pour opérer d'après ma méthode, sans irriter, en été, les abeilles qui reposeraient sur un même tablier, il vaut mieux les placer isolées, en plein air, sous un parapluie ou chapeau particulier à chaque ruche.

164. Le chapeau de paille est le meilleur (fig. 6). Il est placé sur une *cheville* élevée de 27 centim. au-dessus du

couvercle. Elle est enfoncée dans un trou de 14 millim. de diamètre, fait au milieu d'une traverse, ou *porte-cheville*, qui a 34 centim. de long sur 5 de large, et 25 millim. d'épaisseur. Un clou de 40, planté à chacun de ses bouts, sert à le lier aux clous du couvercle, de gauche à droite. Ce porte-cheville doit être en bon bois, de fil, bien dressé.

165. On lie une gerbe de paille vers les épis; on l'écarte par-dessous; on en couvre la ruche, insérant la cheville dans le milieu de la ligature. On borde le bas de la paille avec huit petites baguettes liées dessus et dessous, et on coiffe ce chapeau d'un pot de jardin.

166. Mais un pareil surtout peut être plus solide. Voici celui dont je me sers : la cheville porte un *étui* dans lequel elle entre avec facilité. Cet *étui*, auquel la paille est attachée, est formé avec un morceau de bois léger, rond, de 10 centim. de diamètre, sur 16 de long. Percez-le dans le milieu, dans toute sa longueur, d'un trou dans lequel puisse facilement entrer la cheville qu'on amincit vers sa pointe. Evasez ce trou dans le bas, en forme d'entonnoir renversé, afin que la cheville le rencontre plus aisément; clouez sur le trou, en haut, un morceau de tôle pour retenir la pointe de la cheville. La paille du chapeau sera fixée autour de cet étui dans un étranglement ou *gorge* qu'on y pratique, creusée tout autour de 3 centim., de manière à former presque une boule dans le haut et un entonnoir renversé dans le bas.—La paille doit être de seigle, longue, non brisée au battage; prenez-en une poignée telle qu'une main peut embrasser, à 20 centim. au-dessous des épis; égalisez-la par en bas en la laissant tomber sur quelque chose de plane; secouez pour faire tomber les pailles trop courtes.

Avec une ficelle mi-fine, liez fortement cette poignée, à plusieurs tours, au-dessous des 20 centim. ci-dessus marqués.
Formez ainsi dix à douze poignées, de manière à employer une forte gerbe de paille ; rangez ces poignées autour de l'étui, les ligatures au milieu de la gorge ; attachez à un objet solide une bonne corde grosse comme le doigt ; faites-lui faire un tour autour de la paille, à l'endroit des ligatures, sur la gorge de l'étui placé au milieu des poignées de paille. Qu'une autre personne tire l'autre bout de la corde, de toute sa force, au moyen d'un moulinet ou d'un tour, ou de quelque autre engin qui augmente la force. La paille sera par là serrée autour de la gorge de l'étui. Ayez un fil de fer fort, bien recuit au feu ; liez-en la paille en ce même endroit, à côté de la corde, tordant les bouts du fil de fer avec des tenailles ou un étau à main ; liez le bout de la paille de la même manière au-dessus de la tête de l'étui ; coupez la paille au-dessus de ce dernier lien, avec une hâche sur un billot, ou avec une serpette bien tranchante. Ouvrez la paille et placez ce chapeau sur la ruche, insérant la cheville dans l'étui ; coupez et retirez avec des pinces les ficelles qui liaient les poignées ; égalisez bien la paille tout autour de la ruche, renforçant un peu les angles ; prenez un fil de fer fort, n° 19, *non recuit*, formez-en un cadre carré, les deux bouts liés ensemble avec des pinces rondes ; que ce cadre ait 43 centim. à chacun des quatre côtés ; faites-le passer sur la paille et descendre plus bas, et remonter par-dessous cette paille, où une personne le soutient ; formez un autre carré en fil de fer, ayant 50 centim. de chaque côté ; placez-le sur la paille, le faisant descendre à peu près à moitié de la longueur de la paille ; dans le milieu de chaque face, écartez momentanément la paille

et liez les deux cadres de fil de fer, avec du fil de fer plus fin et recuit, de manière à ce que les deux cadres restent éloignés en cet endroit de 3 centim. seulement, et rejoignez la paille entre deux. Ensuite, à la longueur d'environ 70 cent. sur les angles, à partir de la ligature sur l'étui, coupez le bout de la paille avec des ciseaux ou une serpette ; mais à bord droit d'un angle à l'autre. Cela fait, arrachez avec soin les feuilles de la paille qui paraissent en dehors et qui pourraient la faire pourrir. Enfin, pour que la pluie ne pourrisse pas le haut de la paille et l'étui, couvrez le haut de ce chapeau avec un pot de jardin, dont vous aurez bouché le trou avec du liége ou du goudron ; au lieu de pot, je me contente de placer sur la paille, coupée franc, une brique plate ou un morceau de planche avec un clou ou pointe piquée dans la paille. Quand, après un an ou deux, la paille du chapeau est pourrie, on en fait un autre ; mais l'étui et les cadres en fil de fer peuvent encore servir de nouveau.

167. Si on voulait un chapeau qui eût plus de durée, on pourrait le faire en zinc ; mais, dans ce cas, comme il pourrait, agité par les vents, faire un trop grand bruit sur la ruche, il faudrait le soutenir attaché à quatre piquets. On peut aussi essayer de recouvrir la paille avec de la toile peinte à l'huile ; un fil de fer l'assujettirait sur la paille. Pour moi, je me contente du surtout ou chapeau que je viens de décrire ; il dure environ deux ans.

NOTA. — On trouvera à acheter, à Saint-Marcellin, sur mon indication, des ruches à étages vides et des ruches pleines d'abeilles.

§ 9.

Ruche peinte en maisonnette.

168. On peut rendre très-agréable la vue d'une ruche en la couvrant d'un toit qui lui donne l'apparence d'une petite maison, peinte en vert, ou de diverses couleurs. Ce toit peut être à deux ou à quatre pans, en bois ou en métal. Les étages sont également peints à l'huile en dehors, et même sur les épaisseurs. Il faut que le tout soit à plusieurs couches, et bien sec avant de le faire servir aux abeilles. Les couleurs claires préservent mieux la ruche du gros soleil en été, le brun s'échauffant davantage à ses rayons. Un vert clair est agréable à voir.

§ 10.

Avantages de la Ruche à étages.

169. La ruche à étages présente d'abord tous les avantages de la ruche d'une seule pièce, qui sont : 1° d'être d'une facile construction ; 2° de laisser aux abeilles une continuité dans leurs travaux de haut en bas, ce qui permet aux eaux de la ruche de s'écouler et prévient la corruption ; 3° de plus que dans la ruche vulgaire, on y récolte le miel en toute saison, sans déranger la ruche de place, et sans presque interrompre les travaux des abeilles ; 4° on peut y récolter, en été, du miel tout à fait blanc, après la floraison des sainfoins et autres plantes qui en fournissent ; 5° on y renouvelle peu à peu la vieille cire noire et rancie, dans laquelle le couvain avorte souvent ;

6° on peut y faire des essaims artificiels ; 7° on y détruit les fausses-teignes avec facilité ; 8° on diminue ou on augmente la capacité de la ruche, suivant le travail des abeilles, suivant les saisons et suivant les opérations à y pratiquer ; 9° on peut donner de la nourriture à la ruche plus facilement, et sans y attirer les autres abeilles, etc.

§ 11.

Inconvénients attribués à la Ruche à étages.

170. On reproche à la ruche à étages la difficulté d'y récolter le miel ; mais quand on est un peu exercé, on récolte le miel sans être piqué et sans faire périr d'abeilles. Le tiroir à fumée, de mon invention, en facilite les moyens. Les abeilles ne cessent pas même de travailler, durant l'opération.

TROISIÈME PARTIE.

De la manière de gouverner les Ruches.

170 *bis*. Dans cette troisième partie, nous placerons en première ligne des *préceptes généraux,* fondés sur l'observation.

171. Nous tracerons ensuite, dans un ordre précis, la marche successive du gouvernement de la ruche à étages, pendant le cours de l'année, c'est-à-dire, le *placement des étages vides,* et *l'enlèvement des étages pleins.*

172. Puis nous expliquerons, en plusieurs paragraphes, les soins qu'exigent les abeilles, avec les *détails de chaque opération;* et nous terminerons par un calendrier à consulter chaque mois par l'apiculteur.

§ 1er.

Préceptes généraux.

173. Pour faire réussir les abeilles, il est deux soins importants : 1° leur procurer beaucoup de fleurs, soit en les plaçant dans un canton favorable, soit par des semis de plantes utiles dans les champs voisins (v. n° 236); 2° leur laisser beaucoup de miel, et même leur en fournir les mauvaises années.

174. Pour gouverner les ruches avec intelligence, il faut savoir bien distinguer une *année favorable*, où l'on peut enlever du miel aux abeilles, d'avec une année stérile où il faut les nourrir. La saison favorable est celle où l'hiver est *constamment* froid et où le printemps, l'été et l'automne sont chauds et entrecoupés de pluies; en un mot, c'est celle où le temps est propice à la végétation, et par conséquent à la sécrétion du miel dans les fleurs, les plantes et les arbres.

175. Dans nos contrées, le printemps est ordinairement trop froid. S'il y a des fleurs, elles peuvent bien fournir du pollen, mais elles n'ont pas de miel, surtout si le vent du nord a longtemps soufflé.

176. Cependant, c'est au printemps que les abeilles ont le plus besoin de miel, soit pour se nourrir pendant leurs travaux, soit pour, le mêlant avec du pollen, en faire la nourriture du nombreux couvain qui se forme dans cette saison, et se prépare à produire bientôt les essaims.

177. Ainsi, plus une ruche aura de miel au printemps, plus on sera assuré de la conserver, et, en même temps, d'avoir un *essaim précoce.*

178. Or, un essaim précoce vaut infiniment mieux qu'un essaim tardif, qui n'a le temps ni de construire en cire ni de grossir en population, ni d'amasser des provisions suffisantes pour l'hiver, ce qui le fait ordinairement périr de froid et de faim.

179. Il est donc essentiel de laisser à la ruche, en au-

tomne, au moins un étage plein de miel (environ 5 kilog.), afin qu'elle ait encore au printemps plus d'un demi-étage plein ; on n'y perdra rien en ne prenant que le surplus. Si, ensuite, l'été et l'automne sont favorables, on profitera de la surabondance qu'on y trouvera. D'ailleurs, une chose remarquable, c'est que plus la ruche a de miel, moins elle en consomme l'hiver ; tandis que les ruches faibles en mouches et en miel, *plus réchauffées* par un jour de soleil, sortent et consomment en rentrant.

180. C'est surtout quant aux abeilles, que l'on peut dire que les années se suivent mais ne se ressemblent pas. Dans une excellente année, une ruche peut fournir un ou deux essaims et un ou deux étages de miel ; une autre année, elles ne produiront rien et périront, si on ne les nourrit pas.

181. Année commune, la ruche produira un essaim et un ou deux étages de miel.

182. Si la ruche n'a pas donné d'essaim, elle aura ordinairement plus de miel.

183. Les plus grands *fléaux* des abeilles sont : 1° la faim ; 2° les fausses teignes qui rongent la cire ; 3° les trop longues pluies ou les sécheresses en été et la chaleur en hiver. Par les soins qui seront expliqués, on peut prévenir ou atténuer ces accidents.

184. On ne doit jamais changer les ruches de place durant la belle saison, parce que les abeilles qui seront sorties précipitamment, ne retrouvant plus leur ruche au même endroit, s'égarent et périssent, quand même on n'aurait éloigné leur demeure que de quelques pas, comme nous l'avons dit, n° 103.

185. Cependant, on est en usage, en certains pays peu

favorables, de transporter, lors des sécheresses, les ruches dans des pâturages de coteaux, bois et prés. C'est une opération qui est embarrassante, et qui ne réussit que lorsqu'on emporte les abeilles à plus d'une lieue, pour les dépayser. Je ne l'ai jamais essayée.

§ 2.

De la manière de gouverner la ruche à étages durant le cours de l'année; ou placement des étages vides et enlèvement des étages pleins.

186. Je n'entrerai pas ici dans le détail des opérations que je vais indiquer ; elles sont amplement expliquées plus loin, dans les articles qui les concernent.

Pour mieux comprendre ce qui suit, opérez simulément sur une table, avec des cartes à jouer coupées en trois, dans le sens de leur longueur, pour représenter des étages numérotés.

Essaims.

187. Recueillez l'essaim dans une ruche composée de quatre étages vides, surmontés d'un couvercle garni de ses bouchons. Pour maintenir la hauteur nécessaire pour le chapeau, liez provisoirement un étage vide sur la ruche, et une traverse portant la cheville. Ecrivez sur le registre, n° 240, et sur la ruche, le numéro de la place où vous placez la ruche.

188. Si, un ou deux mois après, vous reconnaissez, en sondant la ruche (250), que les abeilles, qui ont commencé leurs constructions par le haut de la ruche, les aient continuées en descendant, jusques près de la table, ajustez

sur le couvercle de cette ruche un étage vide, mais retourné de manière que les baguettes soient en haut ; surmontez-le d'un autre couvercle, ou servez-vous de celui provisoirement placé, et débouchez tous les trous du couvercle de la ruche. Cet étage vide, qui se trouve ainsi entre deux couvercles, dont l'inférieur a ses trous débouchés, se nomme un *chapiteau*. On enlève ce chapiteau au *mois d'octobre*, plein ou vide. S'il est plein, c'est une preuve que les abeilles, ayant réussi dans leurs travaux, ont encore du miel en dessous pour leur nourriture. On se contente alors de boucher les trous. Mais si les abeilles n'y ont rien mis, on verra par le son, le poids, la sonde (247), s'il faut leur donner de la nourriture (285).

Ecrivez l'opération que vous venez de faire sur le registre n° 240, ainsi que l'état de la ruche, répétant son numéro sur ce registre.

190. Si les abeilles avaient dirigé leurs rayons de gauche à droite, faites faire à la ruche un quart de tour sur sa table ; par la suite, on tournera et placera convenablement les étages et les couvercles, afin que les baguettes, allant de gauche à droite, croisent les rayons.

Au mois de mars suivant, levez le couvercle (331) ; avec le couteau, vous pouvez prendre un peu de miel, si toutefois il y en a beaucoup. Mettez un étage vide sur la ruche et un couvercle : à cinq étages, la ruche est complète. Nourrissez l'essaim s'il en est besoin (n° 240).

Ruches complètes.

191. Ce qui rend la conduite des ruches difficile, c'est la nécessité d'en extraire la vieille cire d'une part, et d'avoir du miel en cire nouvelle en même temps.

192. La cire d'une ruche, qui est parfaitement blanche lorsque les abeilles viennent d'en construire leurs alvéoles, vieillissant chaque année, jaunit d'abord, noircit ensuite, s'altère, et se charge en dedans des alvéoles de pellicules nouvelles qui les rétrécissent. Les abeilles finissent par y périr si on ne l'enlève pas.

193. On a donc cherché les moyens de renouveler la cire, en enlevant la plus ancienne. La chose est très-simple, si on se contente de recueillir le miel, qui est toujours de l'année, déposé dans les vieux rayons ; mais plus difficile si on veut récolter du miel blanc en cire nouvelle, et cela en été.

194. Pour y parvenir, il y a trois manières de s'y prendre : 1° *à étages montants,* plaçant les étages vides par le bas de la ruche, et enlevant les étages pleins, au printemps, en vieille cire ; et, en été, en cire nouvelle, dans un étage ajouté vide au printemps ; 2° *à étages descendants,* plaçant au printemps deux étages vides sur le haut, dont on récolte un en été, et enlevant en hiver un étage de vieille cire par le bas ; et 3° par le transvasement dans une nouvelle ruche, tous les quatre ans. Toutes ces manières m'ont réussi ; cependant, je préfère la première. Les voici telles que je les ai modifiées ; l'essentiel est de suivre, pour chaque ruche, toujours le même mode adopté pour elle, suivant qu'on l'aura noté sur le registre n° 240.

1re Méthode : à étages montants.

195. *En mars,* la ruche étant à 5 étages, il peut arriver deux cas : 1° *si l'étage de dessous est plein de constructions jusqu'à près de moitié* (ce qu'on apprend au besoin par la sonde), alors on y met dessous un étage vide ; puis

le même jour ou bientôt après, on enlève l'étage de dessus, qui est plein de vieille cire contenant du miel de l'année, et on met à la place un étage vide surmonté d'un couvercle. La ruche demeure alors à 6 étages, dont un vide
dessous et un vide dessus, et un couvercle. — Voyez la
manière d'opérer n° 316. Ecrivez l'opération faite n° 240,
ainsi que le numéro de la ruche. — 2ᵉ cas, *si l'étage inférieur ne contient que peu ou point de constructions,*
ne mettez rien dessous ; enlevez et récoltez l'étage supérieur ; mettez un étage vide à la place avec un couvercle
dessus : la ruche restera à 5 étages seulement. On nourrira les ruches qui en auront besoin (285), surtout celles
restées à 5 étages. On le répète, les abeilles ont besoin au
printemps d'un demi-étage de miel, qu'il faut leur donner
en dessus de l'étage placé vide si elles ne l'ont pas en dessous. — Ecrivez sur le registre (240), l'opération faite et
l'état de la ruche, en y répétant son numéro.

196. *En juillet,* au commencement, au milieu ou à la fin,
suivant que la saison a été plus ou moins précoce, enlevez
et récoltez l'étage mis en mars en dessus ; mettez un étage
vide et son couvercle sur les ruches qui étaient à cinq étages. Ne mettez qu'un simple couvercle sur celles qui étaient
à six : elles resteront toutes à cinq étages. On nourrira celles
qui en auraient besoin ; mais dans cette saison le cas sera
rare. On mettra un étage en chapiteau (188), seulement sur
celles qui étaient auparavant à six étages et qui paraissent
bien pourvues. — On écrira sur le registre, etc.

197. *En août,* si l'année est très-favorable (174), on
peut encore, quelquefois, enlever et récolter les chapiteaux
s'ils sont pleins de constructions depuis un mois (338), et
les remplacer par d'autres vides. On peut aussi, si l'année

continue à être favorable, placer un chapiteau sur les ruches qui n'en avaient pas.

198. *En octobre*, après que la fleur du blé noir est passée, et pendant que les abeilles sortent encore, enlevez les chapiteaux pleins ou vides (338), et bouchez les trous. Si le chapiteau est plein ou en partie, il est probable que les abeilles auront la nourriture suffisante sous leur couvercle pour passer l'hiver ; mais s'il est resté vide, il faudra s'assurer par le son, la sonde, le poids, s'il y a assez de miel en dessous pour passer l'hiver (5 kilogr.), et nourrir s'il est besoin (285). — Ecrivez sur le registre. — Enfin, si l'étage était resté près d'à moitié vide, il faudrait l'enlever et nourrir la ruche au besoin.

2e Méthode: à étages descendants.

199. *En novembre*, ou *en mars*, aux ruches ayant cinq étages et demi, on retranchera dans le bas de la ruche un étage plein de vieille cire avec le demi-étage qui s'y trouve. Cette opération est décrite n° 179 *bis*, et replacez sous la ruche un demi-étage vide, afin que la cire ne repose pas trop bas et soit à l'abri des teignes. La ruche restera à quatre étages et demi. — Ecrivez sur le registre, etc.

200. *En mars*. Après avoir ôté le couvercle, comme il est expliqué (316 à 334), vous pouvez prendre sur l'étage de dessus, sans l'enlever, du miel avec la serpette. Vous laisserez aux abeilles au moins la valeur d'un demi-étage de miel, c'est-à-dire, deux ou trois kilogrammes pour leur nourriture ; plus on leur en laissera, mieux la ruche réussira. La ruche étant à quatre étages et demi, et son couvercle étant ôté, mettez sur la ruche deux étages vides contigus, surmontés d'un couvercle ; elle sera à six étages et

demi. Nourrissez au besoin.—Ecrivez sur le registre, etc.

201. *En juillet*, au commencement, au milieu ou à la fin, suivant que la saison a été plus ou moins précoce, enlevez l'étage supérieur pour en récolter le miel, et mettez un simple couvercle à la place : la ruche restera à cinq étages et demi. Puis, si l'année est un peu favorable, mettez sur ce couvercle un étage vide en chapiteau. — Ecrivez sur le registre, etc.

En août. Les excellentes années, on peut encore récolter le chapiteau s'il est plein depuis un mois, et le remplacer par un autre vide.

202. *En octobre*, après que la fleur du blé noir est passée, et pendant que les abeilles sortent encore, enlevez le chapiteau plein ou vide. S'il est plein ou en partie, les abeilles auront de la nourriture sous le couvercle restant à la ruche ; mais si le chapiteau est resté vide, il faudra s'assurer s'il y a du miel en dessous par les moyens indiqués plus haut (247), et donner la nourriture nécessaire (275). — Ecrivez sur le registre (240). — Enfin, si l'étage supérieur était resté près d'à moitié vide, il faudrait l'enlever, et même le suivant s'il est dans le même cas, et nourrir la ruche.

On remarque que je mets au printemps deux étages vides contigus, sans couvercle intermédiaire, parce que souvent les abeilles ne travaillent pas dans un chapiteau, et mettent tout leur miel au-dessous : c'est ce que j'ai vu arriver aux ruches de M. Lombard. Mais, comme on vient de le voir, je forme un chapiteau plus tard, qu'elles emplissent les bonnes années. D'ailleurs, si on ne mettait pas deux étages par-dessus, dont on enlève un pour le récolter , on ne pourrait pas, suivant cette méthode, ôter en hiver, par-dessous, un étage qui est plein de la plus vieille cire ; ce qui, peu à peu, renouvelle la ruche.

Troisième méthode : par transvasement.

204. *En mars*. La ruche est à quatre étages et demi avec un chapiteau dessus. Récoltez le chapiteau plein ou vide, et mettez-en un autre vide à la place. Nourrissez s'il est besoin ; écrivez, etc.

205. *En juillet*, récoltez le chapiteau, et mettez-en un autre vide à la place.

En août, on peut quelquefois récolter encore.

206. *En octobre*, si le chapiteau contient quelque chose, laissez-le intact. Si le chapiteau ne contient rien, enlevez-le, et bouchez les trous du couvercle. Nourrissez au besoin ; écrivez sur le registre, etc.

207. *En novembre*, si le demi-étage qui est sous la ruche est plein de cire, remplacez-le par un autre vide (279 *bis*).

208. *Après quatre ans*, si l'année est favorable, sinon la suivante, renouvelez la ruche en la transvasant en mai, de la manière expliquée numéro 255 et suivants.

Ainsi cette ruche sera toujours à quatre étages et demi et un chapiteau.

209. Aujourd'hui je conduis mes ruches en grande partie par la première méthode (étages montants) ; le reste par les deux autres. L'essentiel est de ne pas confondre les ruches, de les numéroter ; de les bien ranger à leurs places, et d'inscrire sur le registre celle des trois méthodes adoptée pour chaque numéro, qui sera celui de la place occupée. Au reste, chacune de ces méthodes a pour la ruche une édification qui la fera reconnaître.

Tout ceci paraît compliqué, parce que nous avons décrit trois manières de conduire les ruches ; mais si on n'en suit qu'une seule, la chose est simplifiée. Tous ces détails sont plus importants qu'on ne pense. Les auteurs ont souvent laissé leurs lecteurs dans l'incertitude : alors les ruches gouvernées sans ordre et à contre-sens des circonstances où elles se sont trouvées, ont presque toujours péri.

§ 3.

Nomenclature des instruments nécessaires à la manutention des ruches.

240. On aura une caisse portative où la plupart des instruments ci-après pourront entrer. Les numéros se réfèrent à ceux de l'ouvrage où ces instruments sont décrits. Cette nomenclature servira à vérifier s'ils sont au complet. On est souvent dans le plus grand embarras lorsque, au milieu d'une opération, il manque quelque chose.

241. *Instruments pour récolter du miel.* Le masque et les gants, 226 ; allumettes, 321 ; charbons allumés, 324 ; chiffons , freluches , coquilles , 321 ; enfumoir, son soufflet et son tiroir à fumée, 323 ; deux ou trois fils d'archal, 322 ; étages vides, 335 ; couvercles, 335 ; pinces ou tenailles d'horloger, 321 ; couteau, 321 ; coins de bois dur, 321 ; ligatures, 138 ; plume d'aile, 321 ; sondes, 250 ; crochets-supports, 327 ; registre, 240.

242. *Instruments pour recueillir les essaims.* Eau pour asperger, 349 ; écran ou drap et piquets pour abriter, 337 ; le masque et les gants, 226 ; ruche vide, 337 ; du miel, 337 ; le cône emmanché, 337 ; le crochet emmanché, 337 ; ba-

lai de plume, 337 ; ligature, 138 ; pinces rondes et plates ;
anneaux à vis, 142 ; échelle à 3 pieds.

Autres instruments. Cales mobiles, 314 ; levier à décoller, 314 ; percerette ou alène, 250 ; fils de fer, 142 ;
liteaux, 149 ; alcali, 224 ; crayon ; crible en tole, 372 ;
toile métallique, 372 ; sac pour le miel, 373 ; sac pour
la cire, 378 ; presse pour la cire, 379 ; lame de tôle, 338 ;
petite chaise.

§ 4.

De la piqûre des abeilles. — S'en garantir. — La guérir.

215. La piqûre d'une seule abeille est douloureuse ;
mais la piqûre d'un grand nombre peut aller jusqu'à faire
périr. Il faut donc user de précaution avec ces insectes
irascibles. On raconte qu'un petit corsaire de 40 à 50
hommes d'équipage, ayant à son bord quelques ruches en
terre cuite, forma le projet d'aborder une galère turque de
500 hommes. Le corsaire fit lancer de la hune de son grand
mat les ruches dans la galère turque : les abeilles se jetèrent
avec fureur sur les turcs, qui en furent si fort tourmentés,
qu'ils ne songèrent qu'à se mettre à l'abri de leur colère.
Mais l'équipage du corsaire, muni de gants et de masques,
les aborda à coups de sabre, et s'empara de la galère sans
presque aucune résistance.

216. Les abeilles qui se trouvent dans des lieux fré-
quentés, s'accoutument à voir du monde autour de leur
ruche. Elles se familiarisent surtout avec les personnes qui
leur donnent habituellement des soins. Dans les champs,

l'abeille ne pique que lorsque, par mégarde, on la saisit parmi les plantes. Autour de la ruche, plus les abeilles travaillent, moins elles piquent, toutes occupées de leurs courses et de leur récolte. Les abeilles qui piquent sont celles qui gardent l'entrée de la ruche, ou qui en sortent pour la défendre. Les essaims qui sortent des ruches n'ayant pas de couvain ou de provision à garder, piquent peu, à moins qu'on ne vînt à offenser ou écraser la reine ; mais le cas est rare.

217. Ainsi, plus il y a de couvain dans la ruche, plus les abeilles en sont ombrageuses et disposées à piquer dès qu'on la touche.

218. Une chose essentielle à savoir, c'est que l'abeille qui *veut* piquer se met *en colère*, et sa colère se remarque aisément à son vol *précipité et ondoyant*, accompagné d'un bourdonnement plus aigu, que l'expérience apprendra aisément à reconnaître. Environné de milliers d'abeilles qui voltigent autour de moi, s'il en est une dans le nombre qui *veuille* me piquer, je la distingue aussitôt : alors je m'éloigne. Si je n'en ai pas le temps, ou si elle se précipite sur moi, je l'écrase promptement avec la main, avant qu'elle ait eu le temps de lancer son dard. Si je n'ai pu l'éviter, je frotte et arrache promptement l'aiguillon, avant qu'il ait pénétré bien profond, et avant que le venin ait coulé en totalité. Poursuivi, il faut se réfugier à l'ombre plutôt qu'au soleil.

219. Si quelque abeille, qui ne *veut* pas piquer, se pose sur le visage ou les mains, ou les vêtements, ce qui arrive souvent lorsqu'elles reviennent des champs fatiguées, il ne faut pas la chasser avec les doigts, ce qui l'irriterait ; mais si elle incommode, il faut lui souffler dessus, ce qui hâte son départ.

220. Les vêtements bruns irritent les abeilles. Pour les approcher, il faut se vêtir de couleurs grises ou blanches, chapeau de même couleur.

221. Le temps influe beaucoup sur la douceur ou l'irascibilité des abeilles. Elles sont plus douces par un vent du nord, un beau soleil et le matin. Par un vent chaud du midi et un temps couvert, elles sont plus farouches.

222. Pour opérer sur une ruche, il faut agir doucement, avec des mouvements lents, sans secousses, sans action brusque et rapide qui leur fasse craindre une attaque. Il faut garder le silence, ou ne parler qu'à demi-voix ; détourner son haleine de dessus elles, et se tenir derrière la ruche plutôt que devant.

223. Mais si, dans le milieu de la belle saison, on a une opération à faire dans l'intérieur de la ruche, il faut se servir de deux moyens efficaces : de l'emploi de la *fumée*, et du *masque*, comme on l'indiquera plus bas.

224. *Guérir les piqûres.* — Frottez à l'instant la piqûre pour arracher l'aiguillon, qui tendrait à s'enfoncer et à répandre de plus en plus le venin, quoique détaché de l'insecte (n° 22). Bassinez la plaie avec un alcali, tel que l'alcali volatil, dont on doit avoir un flacon bien bouché. A son défaut, employez la chaux délayée, des cendres mouillées ; ou frottez avec une herbe quelconque ; elle attirera le venin par la viscosité de son suc.

§ 5.

Usage de la fumée.

225. Les abeilles craignent beaucoup la fumée, sans que cependant elle leur fasse de mal, lorsqu'elles n'y sont

pas exposées trop longtemps. Dès qu'elles la sentent, elles fuient et reculent; de manière qu'en leur en envoyant des bouffées, on peut leur faire changer de place dans la ruche. Si on persiste quelques instants à leur en souffler, elles entrent dans un *état de bruissement*. Alors elles ne volent plus; elles marchent faisant un bourdonnement léger avec leur corps et leurs ailes, sans les déployer. En cet état, les abeilles sont douces et ne piquent pas. On ne peut se dissimuler que ce ne soit pour elles un état de malaise. Mais elles sont bientôt remises lorsque la fumée est dissipée. Pour notre ruche à étages, on fait usage de la fumée avec un *enfumoir*, qui est décrit à l'article de la récolte du miel, n° 323.

§ 6.

Le Masque et les Gants.

226. Le *masque* est en toile métallique à travers laquelle on peut voir et respirer. On en trouve de tout faits chez les marchands ferratiers. Ils sont à peu près semblables aux treillis en métal avec lesquels on garantit, sur table, les mets de l'attaque des mouches. Pour en faire usage, on fait, au milieu d'un linge ou essuie-main, un trou de la grandeur du masque, que l'on y coud. Le linge enveloppe la tête et le col. Affublez-vous de deux chemises, dont vous fermerez les ouvertures sur l'estomac et les poignets; insérez la toile qui garnit le masque entre votre première et votre seconde chemise, et maintenez le tout avec un mouchoir autour du col. Sur vos pantalons, mettez d'autres pantalons blancs ou de couleur claire, en toile ou en coton; mettez les chemises dans les pantalons, dont vous fermez

les ouvertures du bas avec des linges que vous y attachez, tortillés jusques sur vos souliers ou vos bottes.

227. *Les gants.* — Si les abeilles sont très-en colère, garnissez-vous les mains de gants très-épais, en laine blanche et *molle*, rallongés jusques sur les habits.

228. Les affublements en drap ferme et autres étoffes serrées, font périr beaucoup d'abeilles, qui y dardent et y laissent leur aiguillon et le bout de leur ventre (n° 22).

§ 7.

Choix et établissement d'un Rucher.

229. Le rucher est le local où l'on place les ruches. Elles sont très-bien dans un jardin ou dans un verger clos, au bord des allées auxquelles elles tournent le dos; ou bien dans un local uniquement destiné à cet objet. Il est utile que les ruches soient placées en vue de la maison, afin que les habitants puissent apercevoir les essaims qui sortent et les arrêter. M. Lombard parle de ruches placées, dans Paris, sur une fenêtre. Ce peut être un objet de curiosité : mais, année commune, un grand nombre d'abeilles doit périr, en arrivant des champs, au pied même du mur où elles tombent pour se reposer, et il est difficile d'en arrêter les essaims. Mais le plus grand inconvénient, c'est qu'un très-grand nombre d'abeilles vient périr chez les confiseurs, et dans tous les lieux où elles savent si bien découvrir des matières sucrées. Je les ai vues souvent venir par milliers dans les maisons où se trouvait du miel. Quelques-unes, attirées par l'odeur, en ayant goûté, vont à la ruche et en amènent d'autres en foule, qu'évidemment

elles sont allé avertir de leur découverte. J'ai bien souvent fait cette remarque.

230. *Nombre de ruches.* — Dans les cantons les moins favorables, on peut avoir une vingtaine de ruches. Mais on peut en doubler et tripler le nombre dans les meilleurs cantons, sans craindre de les voir manquer de nourriture. On fera bien de n'avoir qu'un rucher dans le même domaine. Les abeilles, se connaissant, se font moins la guerre.

231. *Cantons favorables aux abeilles.* — Le midi et le nord de l'Europe sont plus favorables aux abeilles que la France, où l'hiver est trop variable et l'été trop sec ou trop pluvieux. Nous en avons exposé les raisons dans la première partie. Les mauvais cantons dans nos contrées sont les grandes plaines cultivées ou trop arides, sans bois ni prairies, de même que les lieux trop élevés ou trop battus par les vents. Les meilleurs cantons sont ceux qui, étant plantuleux, produisent plus de fleurs et de miellée; ceux au pied d'un coteau, voisins des prairies naturelles ou artificielles, des bois, des buissons, des arbres fruitiers, surtout des petits ruisseaux, et où règne un air pur. Il ne faut guères compter sur les fleurs qui sont au-delà d'une demi-lieue; quoique les abeilles aillent souvent bien plus loin, le cercle ordinaire de leurs courses est dans ce rayon. Quant à la qualité du miel, les terrains secs et chauds produisent le meilleur.

232. *Exposition du rucher et des ruches.* — La meilleure exposition du rucher est celle du midi inclinant au levant. Il est bien que la pente, les coteaux ou les abris en murs, haies ou palissades les garantissent du nord; que les abeilles, frappées des premiers rayons du soleil,

soient excitées à sortir de bonne heure. S'il se cache ensuite, ou s'il survient une pluie, elles auront déjà fait leur récolte. Quoique le rucher doive être un lieu abrité des vents, il ne doit pas être trop chaud. Il y règne une chaleur trop concentrée en été, quand il est au midi, abrité de murs très-rapprochés. En hiver, le moindre rayon de soleil les excitant à sortir, elles périssent dehors, ou, rentrées, consomment leurs provisions, s'étant vidées hors de la ruche. Cependant, si le rucher est trop froid, elles ne sont pas assez excitées au travail, et périssent souvent engourdies au pied de la ruche où elles se posent en revenant des champs. Il le faut à peu près aussi chaud et aussi aéré que la campagne dans les positions abritées. Enfin, il ne le faut pas exposé aux trop grands vents, surtout aux pluies orageuses, qui font tomber les abeilles aux pieds de la ruche.

233. *Rucher loin des étangs, des rivières, des secousses, des chemins, des usines, etc.* — Le voisinage des étangs, des pièces d'eau, des grandes rivières, est funeste à beaucoup d'abeilles. Elles se posent sur les bords pour boire, et la plus petite vague les emporte. La proximité des villes les expose aux moineaux, aux hirondelles, à la fumée et au danger de périr dans les vases des confiseurs ou des raffineries, qui les attirent, ou à ne point trouver de fleurs qu'à une grande distance. Enfin, le bruit des usines et des chemins, et leurs secousses, les tirant, l'hiver, de leur heureuse immobilité, les excite à sortir mal à propos.

234. *Rucher bien clos.* — Il est très-essentiel que le rucher soit dans un terrain clos, afin que les gros animaux ou les enfants ne renversent pas les ruches, ce qui les fe-

rait abîmer de piqûres, et les mettrait en danger de périr, ainsi que ceux qui voudraient les secourir. Les volailles sont aussi à écarter. On peut clore le rucher en buissons, en palissades. Si on le clôt en mur, il faut en éloigner les ruches de quelques pas.

235. *Ruches isolées les unes des autres.* — Quand les ruches sont placées sous un toit commun à toutes, on ne peut les éloigner assez les unes des autres pour opérer : si elles reposent sur une planche ou table commune, en touchant une seule ruche, on s'expose à la colère de toutes les autres, qu'on ébranle. Il vaut mieux placer les ruches isolées, sous leur chapeau particulier, à 1 mètre ou 1 mètre 20 centimètres les unes des autres, de milieu en milieu de ruche, sur une seule ligne, s'il est possible ; car, si on met une autre rangée en avant, on court risque d'être piqué quand on opère. Cependant, si on est borné par l'espace en longueur, on mettra un autre rang devant l'autre, à deux ou trois mètres en avant, etc.

236. *Planter et semer pour les abeilles.* — Il est très-utile que les alentours du rucher soient plantés d'arbres peu élevés, afin que les essaims qui sortent des ruches s'y arrêtent. Les arbres fruitiers portent les premières fleurs qui s'offrent aux abeilles. Il ne faut pas que ces arbres mettent la ruche trop à l'ombre, surtout le matin. Mais, sur les deux à trois heures, elle peut leur être utile en été.

237. Il est à remarquer que les abeilles n'aiment point les fleurs doubles des jardins. Elles ne trouvent à butiner que sur les fleurs simples, même les plus petites.

238. Dans la campagne, on s'attachera à cultiver de préférence des plantes utiles qui puissent fournir des fleurs aux abeilles, surtout celles qui fleurissent de bonne heure

et celles qui fleurissent tard. Une des premières fleurs est celle du colza. On présume, peut-être sans raison, que le miel que fournit cette plante est de mauvais goût. Mais peu importe ; celui que les abeilles récoltent à cette époque est entièrement employé à la nourriture du couvain. Les buis, les noisetiers, produisent aussi des chatons à fleurs précoces. Les fleurs de fèves, qui ne tardent pas à paraître, sont très-recherchées par les abeilles ; puis celles de poisettes et de vesces. Mais les fleurs de sainfoin ou esparcette sont celles qu'il importe le plus de cultiver. Les abeilles, qui s'y jettent en foule, y trouvent un miel plus blanc que celui de Narbonne. Le miel de Narbonne est produit sur des montagnes, vers la fin de l'été, par les fleurs de la lavande sauvage, qui, de loin, les font paraître toutes bleues. Il joint à la blancheur l'excellent goût aromatique qu'on lui connaît. Les fleurs de courges nourrissent les abeilles au milieu de l'été. Elles en sortent toutes couvertes de pollen d'un jaune d'or. Les fleurs de trèfle, surtout le jaune, et celle de la bruyère des bois, succèdent. Puis, faute de fleurs, elles sucent la miellée dont les feuilles de certains arbres sont quelquefois toutes couvertes, et en découle à la rosée. Elles sucent aussi, à cette époque, les fruits sucrés, laissés sur les arbres, tels que cerises, prunes, raisins, et surtout les mûres du mûrier et des buissons. Mais dans l'arrière saison, la plante qui fournit le plus de miel aux abeilles, c'est le blé noir ou sarrasin. On peut en semer toutes les semaines depuis la fin de juin jusqu'en septembre.

239. On prétend que les fleurs en ombelles ou parasol telles que celles du sureau, des pastenades, panais, etc., sont nuisibles aux abeilles. Je n'en ai pas acquis la certitude ; toutefois, on peut les éloigner des ruches. Mais j'ai

éprouvé qu'elles fuient la camomille sauvage ou marguerite puante des champs.

§ 8.

Visiter les Ruches et noter leur état sur un registre-journal.

240. On doit visiter souvent les ruches pour s'assurer de leurs besoins, au moins une fois par mois, et même toutes les semaines dans la belle saison. On portera avec soi la liste mensuelle, prise dans le calendrier, n° 380; afin de ne rien oublier, on portera aussi un registre-journal pour y noter les opérations faites et à faire, et l'état de la ruche. Chaque ruche portera le numéro de la place qu'elle occupe dans le rucher. On écrira sur le registre la date de la visite ou opération; le numéro de la ruche; à quelle des trois méthodes elle est soumise, et enfin la notice à côté. Voici, pour modèle, copie d'un registre d'un de mes ruchers, où je n'ai mis d'abord que trois ruches.

DATES.	N^{os} des Ruches	MÉTHODE SUIVIE.	ANNOTATIONS.
25 mars 1855.	3	Montante	Ancienne ruche.—Sortie de l'appartement obscur. — Récoltée. — Forte.
Idem.	4	A transvasement	Idem.
Idem.	2	Descendante . . .	Essaim de 1854.—Sortie de l'appartement obscur. — Récoltée. — Bonne.
22 juin 1855..	5	. . . .	Essaim de 1855.
Idem.	6	. . . .	Idem.
24 juillet 1855.	2	Descendante . . .	Récoltée et trouvée vide. — Faible, ayant donné deux essaims.
Idem.	3	Montante	Récoltée bien beau et bon miel. — Mis un chapiteau. — Forte.

Si une ruche meurt, on passe un trait sur tous les numeros qui la concernent.

Quand un essaim survient, on le met dans une place vide avec le numéro de cette place.

Quand on sort de l'appartement obscur, on met la ruche numérotée à sa même place.

241. Quand, avec ce registre, on voudra connaître l'état actuel d'une ruche, on le trouvera à la fin du tableau, vis-à-vis la dernière date où l'on aura écrit son numéro.

242. Quand on voudra connaître ce qu'elle a été et d'où elle sort, on remontera aux articles qui se trouveront vis-à-vis les endroits où se trouvera son numéro.

243. On visite la ruche en dehors ; on enlève et visite le chapeau ; on ôte les liteaux pour détruire les teignes. Quant au dedans, on ne le visite que lorsqu'on le juge nécessaire, ou lorsqu'on fait une opération intérieure. On examine si les abeilles sont nombreuses et actives dans leurs entrées et sorties. Une ruche qui travaille moins que les autres a souvent des teignes, ou trop d'espace vide.

244. C'est ordinairement le matin que les abeilles apportent à leurs pattes des pelottes de pollen, encore humides de rosées. Elles rentrent alors en volant lentement, de crainte d'être heurtées par celles qui sortent rapidement. C'est ordinairement l'après-midi qu'elles apportent du miel que la chaleur a fait percer sur les fleurs : alors elles volent plus rapidement et se pressent de multiplier leurs voyages.

245. Quand les abeilles d'une ruche apportent beaucoup de pollen, c'est un indice qu'elles ont beaucoup de couvain à nourrir et qu'elles prospèrent.

246. Quand une ruche montre beaucoup d'activité, il est

inutile de visiter l'intérieur. Les abeilles y détruiront les rayons altérés , et en expulseront les teignes. Cependant , en été, on fera bien, le matin, si elles ne sont pas trop farouches, d'ouvrir les liteaux, parce que souvent elles ne nettoient pas sous les bords de la ruche, et l'on y trouve des vers de teigne, qu'on détruit avec le couteau ; puis l'on nettoie avec les barbes d'une plume. Cette opération, utile le printemps et l'été, est surtout nécessaire au mois d'août.

§ 9.

Sonder et peser les Ruches.

247. On a intérêt à connaître l'état des travaux des abeilles en miel et en cire, afin de placer au besoin des étages vides, ou d'y récolter du miel, ou enfin de leur donner de la nourriture.

248. Les moyens pour parvenir à cette connaissance sont au nombre de trois : 1° le son, quand on frappe du doigt contre la ruche ; 2° le sondage ; et 3° le pesage.

249. En frappant un étage de la ruche avec le dos du doigt, on connaît au son qu'il rend s'il est plein ou vide, comme on connaît en frappant sur un tonneau à quelle hauteur est le vin. Le son de l'étage supérieur, quand il est plein de miel, est bien différent de celui de l'étage inférieur qui n'en contient point. On pourra connaître à peu près jusqu'où le miel descend. On aura égard, dans ce calcul approximatif, au couvain qui se trouve en plus ou moins grande quantité dans la ruche. Cependant, le couvain ne se trouvant pas ordinairement jusque contre les parois intérieurs de la ruche, il donne à l'étage où il se trouve un son un peu différent de celui qui est plein de miel, ou qui est en cire vide. L'habitude apprendra bientôt à reconnaître à peu près la quantité de miel d'une ruche : un étage bien plein en contient environ cinq kilogrammes.

250. Le second moyen de s'assurer s'il y a des constructions quelconques dans une partie de la ruche, est le *sondage*. Pour savoir si les abeilles ont descendu leurs constructions en cire jusqu'au milieu de l'étage inférieur, on fait avec une petite percerette, ou une alène carrée, un petit trou d'environ un millimètre, dans le côté de la ruche, au milieu de la face de l'étage. Quand on se sert d'anneaux à vis, le trou qu'ils laissent en l'enlevant un moment peut servir. On a un fil de fer un peu moins gros, bien droit, qu'on enfonce légèrement dans ce trou. On reconnaît à la résistance quand le fil de fer perce un ou plusieurs rayons. Pour connaître si les abeilles ont rempli l'étage supérieur qu'on aurait mis vide sur la ruche, on fait le trou dans l'étage à un demi-centimètre au-dessous du couvercle. On peut aussi regarder par quelques trous du couvercle que l'on débouche un instant, pour voir si les abeilles ont construit jusque-là.

251. Le *pesage* de la ruche ne se pratique guère que lorsqu'on l'achète. Ordinairement un homme exercé, soulevant la ruche, juge à peu près du poids de ses provisions. On le pratique ainsi en octobre, pour s'assurer si les abeilles ont de quoi vivre jusqu'aux premières fleurs du printemps. Quand on veut peser à la romaine, on bouche l'entrée avec des liteaux, le matin, avant que les abeilles soient sorties ; on pèse la ruche avec sa table ; ensuite on pèse une ruche semblable vide ; on en déduit le poids de celui de la ruche pleine ; on déduit aussi trois à quatre kilo-

grammes pour le poids du couvain ; deux ou trois pour·le poids des abeilles, et un à deux kilogrammes pour celui de la cire ; le reste sera à peu près le poids du miel.

§ 10.

Choix des Abeilles, et achat des Ruches.

252. On distingue quatre sortes d'abeilles : 1° les *petites hollandaises* : ce sont les meilleures et les plus généralement cultivées. Elles sont plus petites que les autres, plus luisantes, plus jaunâtres, plus vives, plus douces, plus laborieuses et plus économes ; 2° les *noires*, un peu plus longues, moins jaunâtres, assez laborieuses et traitables, faisant une cire plus grossière, et recueillant un miel plus brun, quoique très-bon ; 3° les *grises*, de grosseur moyenne, très-farouches, ne valent rien ; 4° les *grosses brunes des bois* ; elles travaillent bien, mais elles sont méchantes et consomment beaucoup de provisions.

253. On achète les ruches pleines d'abeilles au mois de février préférablement, époque où elles ont échappé à une partie des dangers de l'hiver. Les ruches de deux à trois ans sont les meilleures. On les visite pour savoir si elles ont beaucoup d'abeilles. Si on a pu les voir travailler en automne, on les aura choisies et marquées d'avance. On les pèse, parce que plus elles ont de miel plus elles valent. Six ruches faibles n'en valent pas une bonne. Quand on frappe sur une bonne ruche, les abeilles nombreuses font un grand bourdonnement, et s'il ne fait pas trop froid, elles se présentent promptement à l'entrée pour la défendre.

254. On achète les essaims en mai et juin. Plus ils sont précoces et pesants, mieux ils valent. On fournit une ruche vide que l'on pèse ; on stipule qu'on ne prendra pas l'essaim qui sortirait après la mi-juin, et qui ne pèserait pas quatre à six demi-kilogrammes, ce que l'on reconnaît en pesant de nouveau la ruche pleine d'abeilles. Je conseille l'achat des essaims, parce que c'est le moyen le plus commode de placer les abeilles dans nos ruches nouvelles à étages. Le transvasement d'une ruche ancienne dans un vase nouveau est une opération longue et difficile.

§ 11.

Transvaser les Abeilles des Ruches anciennes dans les nouvelles.

255. Cette opération est plus difficile qu'on ne pense, parce que les abeilles, attachées au couvain, ne veulent pas le quitter, et parce qu'on craint de faire périr la reine en la déplaçant violemment. — En avril, placez sous la ruche une planche percée dans son milieu d'un grand trou de vingt centimètres d'ouverture, et que cette planche soit assez grande pour avoir sur le devant un rebord de huit centimètres.

Vers le 15 mai, époque où les abeilles récoltent le plus, le matin, avant la sortie des abeilles, enfumez la ruche par-dessous, pour les mettre, les abeilles, en état de bruissement. Renversez cette ruche, mettant son dessus dessous, son ouverture en haut, et posez-la à la même place. Placez aussitôt sur cette ruche renversée la planche percée dans son milieu d'un grand trou de vingt centimètres d'ouverture, planche qui soit assez grande sur le devant pour servir de rebord de huit centimètres environ. Sur cette planche, ou nouvelle table, placez une ruche nouvelle, formée, suivant la population, de trois à quatre étages. Soulevez-la par des cales, avec liteaux et entrées sur le devant ; puis liez le tout et mastiquez toutes les ouvertures qui pourraient se trouver sur cette planche, afin que les abeilles soient obligées de passer par le dessus ; liez bien le tout avec de bonnes ficelles et des clous, ou des anneaux à vis, de crainte des coups de vent. Ayant d'abord mis cette planche percée sous l'ancienne ruche, les abeilles sont mieux habituées à y passer dessus.

Trois semaines ou un mois après, les abeilles auront monté leurs constructions dans la ruche nouvelle ; la reine y sera, le couvain de l'ancienne en sera éclos et sorti, et il y restera peu ou point d'abeilles, contrariées par le renversement qui incline les alvéoles en sens contraire (v. 47). Enlevez alors la vieille ruche ; mettez la nouvelle et sa planche ou table à la même place. S'il reste des abeilles dans la vieille ruche, placez-la, deux pas en avant, couchée sur un tabouret, et, avec un bon soufflet ordinaire, sans fumée, faites-les partir.

255 *bis*. Trois ou quatre jours après, vous pouvez mettre une autre table ; et quelques jours plus tard, de nouveaux étages au besoin pour compléter la ruche. On ne peut le faire de suite, de crainte de trop dépayser les abeilles.

§ 12.

Transport des Ruches.

256. Dans la belle saison, on ne peut pas transporter les abeilles sans leur nuire. Accoutumées dans un endroit,

elles s'égareraient et viendraient périr à la même place (n° 103).

257. Cependant si on les dépayse, en les transportant à plusieurs lieues, il en périt moins (n° 185).

258. L'époque la plus convenable pour les transporter d'un lieu dans un autre, est l'hiver, lorsqu'il ne gèle guère, au mois de février par exemple. Assurez-vous d'abord que les différentes parties de la ruche soient bien liées ensemble ; marquez le devant de la ruche pour la placer de la même manière ; étendez à terre un linge d'un tissu un peu clair ; placez-y la ruche dessus. Retroussez le linge contre la ruche, et liez-le tout autour fortement contre elle à plusieurs liens solides ; transportez-la renversée, le linge en haut. On peut la porter à dos d'homme, ou bien dans une hotte, ou sur une civière. Si on se sert d'une voiture, on devra adoucir le cahotement par un tas épais de sarments et de paille ; encore ai-je vu périr des ruches par la fracture des rayons. Arrivée au lieu de la destination, placez la ruche sur des cales mises sur la table le linge en bas, et la partie marquée soigneusement tournée du même côté de devant. Ne déliez pas le linge ce jour-là ; les abeilles auront suffisamment d'air à travers. Le soir tard, ou plutôt le lendemain de grand matin, la fraîcheur ou le repos auront fait remonter les abeilles dans la ruche; soulevez-la doucement, pendant qu'une autre personne retire le linge.

259. Lorsque ce sont des essaims qu'on veut transporter à peu de distance, il convient de le faire le même soir, ou le lendemain de grand matin. Si on tardait de quelques jours, les abeilles viendraient en grand nombre périr à la même place, ou porteraient le pillage dans le rucher.

§ 13.

Fournir de l'Eau aux Abeilles.

260. Les abeilles boivent. La rosée leur fournit ordinairement l'eau qui leur est nécessaire. Mais quand il n'y en a pas, au printemps et en été par un vent sec du nord, et il n'y a pas dans les environs quelque fontaine ou petit courant d'eau, il faudra leur en tenir dans le rucher, à l'abri des poules, dont plusieurs les mangent. Il périt beaucoup d'abeilles dans les bassins des jardins et des cours où l'agitation de l'eau forme des vagues sur les bords, qui les enlèvent et les noient. Elles se noient également dans les vases où on leur fournit de l'eau, si on n'y plante du cresson avec une légère couche de terre au fond du vase. Je mets quelques cailloux dans une assiette pleine d'eau, et pour l'entretenir j'y plonge le gouleau d'une ou plusieurs bouteilles pleines d'eau et renversées, attachées à un piquet. A mesure que l'eau s'évapore dans l'assiette, elle est remplacée par celle des bouteilles, à la manière de la descente de l'huile dans les lampes à quinquet. Les abeilles trouvant des points d'appui sur les cailloux, ne se noient pas.

§ 14.

Détruire les fausses Teignes.

261. Le plus redoutable des fléaux pour les abeilles, après la famine, c'est la fausse teigne, dont le ver se nourrit de cire qu'il perce et remplit de filasse soyeuse. Dans le cours

de la belle saison, le papillon de fausse teigne, qui est un papillon de nuit un peu plus gros que celui de la teigne qui ronge les étoffes, et qui, comme lui, vient se brûler à la chandelle, est grisâtre, de plus d'un centimètre de long. Il s'introduit le soir dans les ruches, par la porte ou entrée quand elle est mal gardée, ou bien sous la ruche par les plus petites fentes, où il dépose ses œufs presque imperceptibles. Il en naît un ver qui, d'abord petit, s'insinue plus avant, se nourrit des parcelles de cire qui tombent, file et s'environne de ses filasses, que les abeilles des ruches faibles ont peine à détruire. Ils s'en forment un tas, qui se grossit de ses excréments, semblables à de la poudre à tirer. Le ver n'en sort que le museau pour manger la cire qui tombe ; il finit par atteindre, à l'aide de cet abri, les rayons de cire, et alors la ruche est bientôt envahie et perdue. Les ruches populeuses et actives savent sans garantir ; on les voit les expulser elles-mêmes.

262. C'est ordinairement au mois d'août, époque où, à cause de la sécheresse, les abeilles sont moins actives, que les teignes s'emparent des ruches, ou au printemps durant les fraîcheurs.

263. Ma ruche à étages sur cales élevées de sept millimètres, présente une grande facilité pour y détruire les teignes, avant qu'elles aient pu faire des ravages. Le matin, par un temps frais, en visitant la ruche, on enlève les liteaux les uns après les autres, et avec un couteau et les barbes d'une plume on ôte les teignes et les immondices qui se trouvent sous les bords de la ruche. Comme les abeilles nettoient peu cet endroit, il y a toujours des parcelles de cire, au milieu desquelles les teignes naissent et vivent pendant les premiers temps. Quand les rayons sont une

fois infectés, la ruche devient faible. Si les teignes ne détruisent pas la ruche la première année, elles y font leurs cocons et se changent en papillons, qui y déposent des œufs pour l'année suivante. On peut alors essayer d'extirper les teignes, en coupant avec une serpette les rayons qui en sont infectés, après avoir enfumé la ruche pour faire reculer les abeilles (v. n° 339).

264. Mais le mieux est de prévenir ce malheur, en enlevant souvent les teignes qui naissent sous les bords. — Quand les ruches sont populeuses et actives, elles se chargent de ce soin. — Quand on nettoie soi-même, on ratisse les liteaux sur lesquels on voit les petits œufs comme de *très-petits* points blancs très-rapprochés.

§ 15.

Entrée des Ruches.

265. On a remarqué que l'entrée de nos ruches à étages n'a que sept millimètres de hauteur , afin que le gros papillon, appelé le *sphynx à tête de mort*, ne puisse s'introduire dans la ruche. C'est un très-gros papillon qui , pendant la nuit, vole autour des ruches et cherche à s'y introduire pour sucer le miel. Son corps a 12 ou 15 millimètres de grosseur ; il a sur le dos la figure d'une tête de mort fort bien peinte. Le mouvement auquel il se livre continuellement dans la ruche, pendant plusieurs jours, dérange absolument tous les travaux des abeilles ; elles s'agitent autour de lui, mais ne peuvent le piquer, à cause de la peau écailleuse qui, sous son duvet, lui sert de cuirasse. Les abeilles connaissent ce danger, et en août et septem-

bre, époque où on les voit paraître, elles retrécissent quelquefois leur entrée, quand elle est trop grande, avec de la propolis et du pollen gâchés ensemble. J'y ai trouvé de ces gros papillons qui, n'ayant pu avancer ni reculer, y étaient restés pris au passage. Quelle admirable industrie !

266. Dans le mois de mai et de juin, on laissera ouvert tout le devant de la ruche, pour la sortie des essaims et le grand travail des abeilles.

267. Ordinairement, on ne laisse que deux ouvertures de 6 à 7 centim. de chaque côté de la cale de devant. On bouche le reste, vers les angles, avec de plus courts liteaux de 6 à 7 centim. de long, retenus contre la ruche par des chevilles et de petits coins.

268. Durant les froids, on met des liteaux longs de manière à ne laisser que 2 centim. d'ouverture de chaque côté de la cale.

Enfin, durant la neige ou plutôt au dégel, on ferme entièrement, par des liteaux plus longs, parce qu'au dégel les abeilles sortent en foule et périssent en se posant dehors pour se vider. On ouvre dès que la terre n'a plus de neige. Quand on ferme, on a soin de laisser de l'air, en reculant tous les liteaux de 1 millim. par de petits coins, et en mettant une grille sur deux trous du couvercle, à la place de deux bouchons.

§ 16.

Air; en donner plus ou moins dans la Ruche.

269. Les abeilles ne paraissent pas avoir besoin de beaucoup d'air dans la ruche, car elles ne gardent souvent

qu'une petite ouverture, bouchant et rétrécissant ce qui leur paraît trop ouvert.

270. Cependant, lorsqu'il fait beau, on les voit sur la table, à l'entrée de la ruche, battre des ailes, comme pour envoyer de l'air dans la ruche.

271. En juillet et août, la chaleur est quelquefois si grande, que les abeilles ne peuvent tenir dans la ruche, sous peine de voir fondre ou affaisser leurs rayons. Elles se groupent et pendent devant la ruche ou sous la table, sans travailler : on dit alors qu'elles font la barbe. Durant ce temps-là seulement on peut rafraîchir la ruche, en reculant un des liteaux de derrière, et même d'un des côtés, le plus au nord. En même temps, si cela ne suffit pas, on peut ouvrir un ou deux trous du couvercle, qu'on recouvre d'une petite grille qu'on y fixe légèrement avec un petit anneau à vis, et on soulève, du côté du nord, la paille du surtout sur le bord du couvercle, pour y établir un petit courant d'air ; un caillou, un objet quelconque, peuvent servir à cet effet. Dès que les abeilles sont rentrées, on remet les liteaux et les bouchons. Au lieu de grille, je place deux bouchons ayant cinq à six cannelures tout autour, d'un ou deux millimètres. En hiver, quand on ferme les ruches (268), ou quand on les met dans un appartement obscur, on leur donne de l'air de la même manière par le dessus. Les plus petits trous à deux ou trois bouchons suffisent.

§ 17.

Consolider les Ruches.

272. Si une ruche est renversée par les vents ou par les animaux, les abeilles se jettent avec fureur sur les animaux

et les personnes qui paraissent, et peuvent leur causer les
accidents les plus graves, même la mort. D'une autre part,
si, en hiver, la ruche est ébranlée par les vents, ce ballotte-
ment dérange les abeilles. Il faut donc avoir le plus grand
soin de consolider la ruche et ses piliers avec de bonnes ligatures en fil de fer.

§ 18.

Mastiquer tous les interstices des Ruches.

273. Lorsqu'il y a quelque ouverture au couvercle ou
dans le corps de la ruche, les fourmis et surtout les petits papillons de fausse teigne peuvent s'y introduire et le
froid peut y pénétrer. Aussi voit-on les abeilles se donner
beaucoup de peine pour mastiquer, avec de la propolis,
toutes les petites fentes. Cependant, elles ne peuvent pas
réussir lorsque l'ouverture est trop considérable.

274. Le mastic dont on se sert est tout simplement de la
bouse de vache ou de bœuf, fraîche. Elle ne se fend point
et éloigne les insectes. On enduit avec un couteau, ou
mieux encore, avec les doigts, toutes les fentes, trous et
jonctions du couvercle et des étages, sauf sur la table et
les liteaux, qui restent libres. On bouche les grosses ouvertures avec du liége. Si la table est mauvaise, on la
change dans la saison froide, et on la mastique avec du
goudron de bouteille, ainsi que nous l'avons expliqué au
paragraphe de la table, n° 154.

§ 19.

Pluie et humidité; en préserver les Ruches.

275. L'humidité fait moisir les rayons des ruches et avorter le couvain. Il faut, en visitant les ruches, changer les chapeaux qui seraient mauvais, et, si le terrain est humide, le sécher avec du sable ou autrement.

§ 20.

Maintenir le terrain nettoyé autour des Ruches.

276. Il est des jours de l'année où le temps est accablant. Les abeilles, qui arrivent des champs fatiguées, se posent alors à terre devant la ruche, pour prendre un instant de repos avant d'y entrer. S'il fait un peu frais et qu'il y ait des herbes sur le terrain, ces herbes leur empêchent de reprendre leur vol, et la fraîcheur les saisissant, elles périssent. D'une autre part, ces herbes entretiennent beaucoup d'insectes qui se glissent ensuite dans les ruches. Il est donc utile d'ôter, de temps en temps, les plantes qui croissent, jusqu'à un mètre au moins autour des ruches. On peut y répandre du sable sur lequel il est facile de les râtisser. On peut aussi y mettre des planches ou de la paille, etc. Je mets du sable ou des cendres.

277. Si les vents froids frappent sur le terrain, on peut l'abriter, pendant les temps frais, par des planches, ou de la terre, placées derrière ou de côté, s'il n'y a pas de clôture, afin que les abeilles, réchauffées, puissent reprendre leur essor. Mais ces abris ne doivent pas s'élever aussi

haut que la table, afin que l'air frais retienne les abeilles dans la ruche. Il est inutile et même très-nuisible qu'elles sortent par un temps froid.

§ 21.

Garantir les Ruches des poules, oiseaux et guêpes, etc.

278. Quelques poules et autres oiseaux de basse-cour prennent tellement goût à manger des abeilles, sur les tables des ruches, à terre et au bord des eaux où elles se désaltèrent, qu'elles en font un grand dégât. Il faut donc tenir le rucher bien clos, et semer le blé noir un peu loin de la maison. Quant aux moineaux, on en détruit les nids, et on met un épouvantail près des ruches.

279. Les guêpes attaquent individuellement les abeilles à l'entrée de la ruche, où elles cherchent à pénétrer pour en piller le miel. De grand matin, au frais, on brûlera ou écrasera les guêpiers avec un linge. Si le guêpier est dans la terre, on coulera dans les trous de la terre grasse délayée avec de l'eau, et, quand ils seront pleins, on battra fortement la terre avec une massue. On peut aussi mettre, à terre, à quelque distance des ruches, des os fraîchement dépouillés de viande ; les guêpes s'y jettent, et on les tue avec un feuillage. Si on voulait les prendre dans des fioles miellées, on prendrait aussi des abeilles.

§ 22.

Récolter la vieille cire.

279 *bis*. Pour enlever l'étage et demi-étage du bas de la ruche plein de vieille cire (n° 199), on s'y prend ainsi : on

opère par un temps de petite gelée, qui ait fait remonter les abeilles, en novembre ou en mars. Otez les liteaux pour refroidir encore ; déliez l'étage inférieur et démastiquez doucement ; insérez entre la ruche et lui trois ou quatre petits coins, pour tenir la ruche soulevée de 3 ou 4 millim. tout autour. Un quart d'heure après, quand les abeilles seront calmées, et que la reine, que le mouvement peut avoir fait descendre, sera remontée, séparez cet étage avec le fil d'archal (v. 322), comme pour prendre le miel, sans vous servir de fumée (v. 331). Opérez très-doucement et *très-lentement*, pour ne pas couper d'abeilles. Vous ôtez, à mesure, les petits coins devant ce fil d'archal, et les replacez derrière lui, à mesure qu'il avance. Si les abeilles sont irritées et descendent, après avoir soulevé la ruche par les petits coins, attachez-la avec des ligatures en ficelles cirées ; le lendemain matin passez le fil de fer ; quand il est passé, qu'une personne soulève doucement la ruche, et s'il n'y a point d'abeilles dans l'étage inférieur, enlevez-le avec le demi-étage, èt même sa table, et placez sous la ruche une autre table et un demi-étage. Si, au contraire, il y avait des abeilles dans l'étage à enlever, tenez-en la ruche séparée par de plus gros coins, et attendez que les abeilles soient remontées. Enfin, si on avait attendu une saison trop chaude pour opérer ainsi, on enfumerait la ruche par dessous.

§ 23.

Nettoyer les tables des Ruches.

280. En automne et en hiver, il meurt quelquefois un grand nombre d'abeilles, qui tombent sur la table et obs-

truent les ouvertures. Elles s'y corrompent et répandent une odeur des plus fétides. Les abeilles ne sont pas assez vives dans cette froide saison pour les charrier dehors. D'autres immondices tombent aussi sur la table, en cire ou couvain avorté. En novembre ou plus tard, par un temps de *petite* gelée, les abeilles ne sortent pas ; après avoir doucement décollé la ruche de dessus les cales, en la soulevant légèrement avec un ciseau ou un levier quelconque, on la place sur une table provisoire, on nettoie l'autre avec un couteau, et on remet la ruche à sa place, bien tournée comme elle était. On peut aussi se contenter de nettoyer la table, en passant un fil de fer ou un couteau sous la ruche, après en avoir enlevé les liteaux.

281. Durant les grands froids, il faut bien se garder de donner autant d'air à la ruche, ni de la remuer ; mais après ces grands froids, qui font souvent périr les abeilles les plus basses, on nettoiera, s'il est besoin, par un temps moins rude, mais cependant un peu froid, pour que les abeilles ne sortent pas.

282. On peut choisir le moment du nettoiement pour changer les tables qui auraient besoin de réparation, ou bien lors de la récolte de cire (v. 179 bis.)

§ 24.

Préparer des Ruches, et conserver celles qui ne servent pas.

283. A l'approche des essaims et surtout en hiver, on prépare de nouvelles ruches ; on râtisse les étages avec un couteau, après les avoir lavés aussitôt qu'ils ont été vidés, ainsi que les baguettes, qu'on a retirées pour en ôter le

miel et la cire. On les conserve dans un lieu sec, afin qu'ils ne contractent pas un mauvais goût. S'il y a des trous ou des fentes aux étages, couvercles et tables, on les bouche avec du goudron de bouteille fondu, et un fer chaud ; puis on unit avec un ciseau.

284. Dans la saison où l'on se procure de la paille de seigle, on s'en pourvoit pour faire les chapeaux des ruches.

284 *bis*. On place des piliers en pierre, tuf, etc.

§ 25.

Donner de la nourriture aux Ruches qui en ont besoin.

285. *Motifs*. — Les abeilles ne mettent tant d'activité à remplir de miel leurs magasins pendant la belle saison, que pour se nourrir lorsque la campagne ne leur offre plus rien à recueillir. Nous devons admirer leur prévoyance et l'imiter. Mais si nous leur enlevons leur superflu, ne devons-nous pas, à notre tour, leur fournir des provisions lorsqu'elles en manquent ? Il y aurait d'autant plus de cruauté à les laisser périr, que c'est souvent nos récoltes trop abondantes qui les ont mises dans la détresse.

286. *Quelles ruches ont besoin de nourriture*. — Les ruches qui ont besoin de nourriture sont : 1° les essaims tardifs, qui n'ont pas eu le temps d'amasser assez de provisions ; 2° les ruches faibles en mouches, telles que les ruches-mères épuisées par plusieurs essaims, n'ayant pas assez de population pour avoir pourvu à leurs besoins ; 3° toutes les ruches, lorsque l'été a été trop pluvieux ou trop sec, ou que l'hiver est trop doux ; 4° les essaims qui

viennent de s'établir, si les jours suivants sont assez mauvais pour ne pas leur permettre d'amasser des provisions dans leur nouvelle ruche.

287. On s'assure de la quantité de miel qu'une ruche faible peut avoir, soit en la visitant et la frappant, soit en la sondant, soit en la soulevant pour en connaître le poids, soit au moment où on la récolte (v. n° 250). — Une chose singulière, c'est qu'en hiver, les ruches fortes en mouches et en miel consomment moins de nourriture que les ruches faibles. On voit les abeilles de ces dernières sortir, durant les beaux jours d'hiver, plus tôt que celles des ruches fortes. Il paraît qu'en sortant pour chercher de la nourriture, elles se vident et consomment en rentrant.

288. *En quel temps on donne de la nourriture aux ruches qui en ont besoin.* — Le temps le plus convenable est le commencement d'octobre. Les travaux des abeilles étant terminés, on connaît leurs besoins, et l'air étant encore chaud, elles ont la force de transporter dans leurs magasins leur nourriture. Il est bon de leur donner, à cette époque, toute la nourriture qui leur sera nécessaire jusqu'en avril. Durant l'hiver, on ne doit pas émouvoir les abeilles, qui ne sortent pas, en leur donnant de la nourriture ; cela les exciterait à sortir et les ferait périr par centaines ; et si on bouchait leur sortie, elles s'agiteraient, s'échaufferaient, et la ruche se corromprait. Tout cela m'est arrivé. Quand elles mangent, elles ont besoin de se vider dehors ; étant obligées de se vider dedans, leurs excréments très-fétides empestent la ruche.

289. Cependant, si elles ont besoin, et qu'elles sortent par un temps chaud, on leur donnera peu à la fois en février ou mars, et même plus tard, si, par un beau soleil, la fraîcheur de l'air laisse les fleurs sans miel.

290. Enfin, il y a eu des sécheresses tellement longues, qu'on a été obligé de nourrir plusieurs ruches en été, surtout les essaims.

291. *Quelle espèce de nourriture.* — Celle qui convient le mieux aux abeilles, c'est le *miel.* Il ne doit être ni dur ni cristallisé, mais assez liquide. Il ne faut pas qu'il ait fermenté : et pour cela il faut l'avoir tenu au frais, mais en même temps au courant d'air sec, autrement l'humidité le gâte. Le miel en rayons est le plus commode à leur servir. Si le miel coulé est trop épais, on l'éclaircira avec un peu d'eau tiède, mais en petite quantité, autrement il fermenterait ; il le faut très-sirupeux.

292. On peut suppléer au miel par des jus de fruits, tels que mûres, prunes, cerises, poires, etc., bien mûrs, ou séchés en automne et cuits. On fera bien d'y mêler du sucre, et surtout du miel. Il ne faut pas donner cette sorte de nourriture en quantité, parce qu'elle est sujette à se corrompre ; mais seulement peu à peu, après les grands froids et lorsque les abeilles sortent. Mais le miel vaut mieux.

293. *Quelle quantité de nourriture.* — En octobre, il faut laisser à une bonne ruche un étage de miel, ou 5 kilogrammes. En mars, lors de la récolte, il en faut près de la moitié. On leur fournira donc ce qui manquera. Mais, comme on vient de le dire, aux ruches faibles, il en faut un peu moins en automne, et au printemps, on ne leur donne la nourriture que peu à peu lorsqu'elles sortent.

294. *De quelle manière on donne la nourriture aux abeilles.* — Les propriétaires des ruches vulgaires d'une pièce, donnent la nourriture aux abeilles en dehors, ne pouvant pas la mettre dans la ruche. Mais alors les abeilles de tout le rucher y participent, et celles qui n'en ont pas

besoin dévorent la part de celles à qui on la destinait. Quelques auteurs de ruches nouvelles veulent qu'on place la nourriture dans le vide qui se trouve sous la ruche. Mais alors cette ruche faible est inévitablement pillée par les autres abeilles du rucher, attirées par l'odeur, et elle périt. Ma ruche, au contraire, est très-commode pour donner de la nourriture sans inconvénients. On place sur la ruche un étage plein, ou à moitié, ou vide, à volonté. On ôte la traverse, on débouche seulement un ou deux trous, on place l'étage dessus, et sur cet étage un autre couvercle, avec la traverse et la cheville, on lie, etc. De cette manière aucune abeille étrangère à la ruche ne peut participer à la nourriture. Il est à remarquer que les abeilles de la ruche ne laisseront pas cette provision dans cet étage ajouté. Elles la transporteront toute, en peu de temps, à travers le trou, dans leurs magasins, immédiatement au-dessus du couvain. Si on ne donne que quelques rayons de miel, on les place dans cet étage ajouté. Si la nourriture est en miel coulé ou en sirop, on la verse dans des alvéoles de cire vides qu'on a conservés exprès, ou, si on n'en a pas, on la met dans des assiettes recouverte d'une toile qui s'en imbibe, supporte les abeilles sans les engluer, et sous laquelle d'ailleurs elles savent pénétrer peu à peu ; on fait pendre la toile du côté du trou pour qu'elles puissent y monter. Si, comme quelques auteurs le conseillent, on met sur l'assiette, ou soucoupe, de la paille coupée, j'ai éprouvé que les abeilles la charrient à travers le trou pour la sortir de la ruche, et il en reste dans les rayons.

295. On ne donnera la nourriture que lorsque les abeilles sortiront naturellement. Si on la donne par un temps frais, elles sont attirées dehors par l'odeur, et périssent de

froid ou d'indigestion. Il est donc très-essentiel de ne donner la nourriture que le matin, sur les neuf ou dix heures, par un beau jour, où les abeilles sortent naturellement.

§ 26.

Hivernage des Ruches.

296. Les abeilles doivent, pendant le temps où il n'y a pas de fleurs, être garanties de la chaleur et des secousses, qui les excitent à sortir, à se vider et à consommer leurs provisions.

297. Si, pour parer à cet inconvénient on ferme l'entrée de la ruche, à la moindre chaleur extérieure, les abeilles s'agiteront pour sortir, s'échaufferont, se videront dans la ruche, s'étoufferont, et la fermentation, la corruption, feront périr les abeilles.

298. Pour éviter cet inconvénient, on taille des liteaux pour le devant de manière à ne laisser qu'une sortie de 2 centimètres, qu'on débarrasse de temps en temps des abeilles mortes.

298 *bis*. Le grand froid fait périr les abeilles les plus basses, lorsqu'il y a dans le bas plus d'un demi-étage vide ; s'il y a un étage entier sans constructions en cire, on commence par l'enlever en novembre.

299. On abrite la ruche du soleil par un petit mur de paille longue, retenue par des perches plantées en terre, à 20 centimètres près des ruches ; mais la paille ne doit descendre qu'un peu moins bas que le bord de la table, afin que les abeilles qui sortiraient la retrouvent, et que le soleil, donnant à terre, les abeilles qui s'y seraient reposées puis-

sent reprendre leur vol. Lorsque l'hiver est constamment froid, je néglige cet abri.

300. Si après la neige qui a rendu la terre froide, il survient un grand dégel très-chaud, les abeilles sortent en foule, même avant que la neige soit fondue, et périssent à terre ou sur la neige où elles se posent pour se vider. Pour obvier à cet inconvénient autant que possible, on ferme l'entrée de la ruche au commencement et pendant le dégel, sauf à l'ouvrir plus tard, le matin ou le soir tard.

301. Quant aux secousses, on éloignera les ruches des chemins passagers, des habitations bruyantes, des forges, et l'on consolidera celles que le vent pourrait faire ballotter.

302. On peut aussi, pour mieux conserver les ruches et pour se garantir des voleurs, les enfermer l'hiver dans un local ou appartement obscur.

303. Mais on n'y mettra que les ruches bien pourvues de provisions, c'est-à-dire pleines et pesantes ; car on ne peut leur donner de la nourriture pendant tout le temps qu'elles sont enfermées, ce qui les ferait périr en les agitant.

304. Ainsi, si on a un local pour les enfermer, avant de les enlever, marquez sur les ruches le numéro de leurs places pour ne pas les confondre. Aux premières gelées, fermez l'entrée de la ruche avec des liteaux, et transportez-la avec sa table dans le local obscur. Ce local doit être ou un rez-de-chaussée ou une cave saine. Il doit être sec, aéré, frais, au nord, s'il se peut. On n'y entrera qu'avec une lanterne, sans bruit, sans secousses. On déliera d'abord la ruche d'avec sa table, sans l'ôter de dessus dans ce premier moment, car toutes les abeilles qui sorti-

raient en foule seraient perdues. Le lendemain, les abeilles calmées seront remontées dans leurs rayons ; alors enlevez la ruche de dessus sa table, et placez-la sur un étage vide que vous aurez mis d'avance *à terre*, de manière à ce que les abeilles ne puissent sortir par-dessous. La chose est très-commode si l'appartement a un bon carrelage. On place les ruches à terre, parce qu'en hiver le terrain d'un rez-de-chaussée est moins froid que les objets élevés ; mais si c'est une cave, peu importe qu'elles soient posées plus haut. Les abeilles n'auront aucune sortie ; le dessous n'étant pas mastiqué, elles auront assez d'air. Dans le dessus on leur en donnera, en ouvrant deux ou trois trous du couvercle et y mettant de petits morceaux de grille en fer blanc retenus avec une pointe de Paris ou une pierre, mais solidement. Quelques petites cannelures faites à ces deux ou trois bouchons peuvent remplacer les grilles. Les mauvais gaz qui montent s'échappent par les plus petites ouvertures et l'air est suffisamment renouvelé. Je conserve ainsi la moitié de mes ruches ; je ne laisse dehors que les plus faibles, qu'il faut quelquefois nourrir s'il fait chaud.

305. Si le froid devenait *excessif* et long, on jetterait de la paille autour et sur les ruches dans l'appartement obscur, ou une couverture de laine.

306. On sort les ruches en mars ; mais plus tôt si la saison est devenue très-précoce.

307. La sortie des ruches demande quelques précautions ; car, dès que les abeilles deviennent libres, elles sortent en foule, et pour peu qu'il fasse frais, elles ne peuvent rentrer. On ne les sort que le matin, par un beau soleil et par une journée s'annonçant pour être suffisamment chaude. Si le soleil s'obscurcit, beaucoup d'abeilles

périssent dehors. Avant de les sortir, on replace les ruches sur leur table dans l'appartement obscur ; on ferme tous les liteaux sans laisser de sortie ; on lie la ruche à la table, et on l'emporte dans le rucher. On ne tarde pas à leur ouvrir si le temps est resté beau, sinon on renvoie au soir ou au lendemain.

§ 27.

Placer des Etages vides et des Chapiteaux.

308. Nous avons indiqué l'ordre et le placement des étages vides, suivant les époques, au chapitre du gouvernement des ruches à étages (186) ; nous nous bornerons ici à la description de la manière d'opérer.

309. Nous ne parlerons pas du placement des étages vides sur les ruches ; on ne les met qu'en récoltant le miel, et nous l'indiquons plus loin. Nous faisons remarquer qu'en plaçant les étages, on met les baguettes en dessous et de gauche à droite de la ruche.

310. En automne et au printemps, il est ordinairement facile de placer un étage vide sous la ruche, parce que les abeilles sont peu irritables, même l'été, après une pluie qui ait, par un vent du nord, rendu le temps frais. Dans ces cas, on peut s'y prendre de l'une des deux manières suivantes : 1re *manière*. Après avoir avec un levier, tel qu'un ciseau, soulevé doucement la ruche de dessus ses cales pour la décoller, et avoir ôté les liteaux, une personne élève la ruche, une autre personne place sur les cales un étage vide, bien tourné, les bouts des doubles baguettes sur les côtés ; on pose la ruche dessus, on lie, on mastique, etc. ;

2ᵐᵉ manière. Si on est seul, après avoir enlevé les liteaux et décollé la ruche, on l'enlève ; on la pose sur un étage vide qu'on a d'avance placé sur un tabouret, ou à terre ; on lie cet étage à la ruche avec deux ficelles promptement tortillées aux clous, et on remet la ruche sur ses cales, on lie, on mastique, etc.

311. Mais si on a à opérer en été et que les abeilles soient irritables, il faut plus de précautions.

312. Premièrement, il faut, autant que possible, choisir un jour propice : vent du nord, frais s'il se peut ; baromètre élevé ; et non par un temps de vent chaud ou à la pluie.

313. Par un temps semblable, on peut, revêtus de masques et de gants (n° 226), opérer de l'une des deux manières que l'on vient de décrire. Mais il pourrait arriver qu'on écrasât beaucoup d'abeilles sous les bords, et que celles de la ruche, furieuses toute la journée, vinssent attaquer les hommes et les animaux, à une assez grande distance.

314. Pour éviter ce désagrément, dès la pointe du jour, lorsqu'on peut distinguer les objets, on commence par lier entre eux solidement les étages, s'il est besoin ; on enlève doucement les liteaux, et on décolle la ruche de dessus ses cales. La fraîcheur du matin fait alors rentrer les abeilles plus ou moins complétement. On coupe trois morceaux de liteaux de la longueur de 6 centim. chacun. On les amincit de manière à en former trois cales de 8 millim. d'épaisseur. On place ces trois cales sur les bords de l'étage vide à ajouter, deux sur les côtés vers le devant, et une au milieu du bord de derrière. Mais pour qu'elles ne tombent pas pendant l'opération, on y a planté d'avance, en dessous,

vers chaque bout, et en équerre, une pointe ou un clou peu enfoncé. Les trois cales ainsi faites sont mises à cheval sur les bords de l'étage qu'on a entreposé sur un tabouret ou à terre. Ensuite, masqué et ganté, on enlève la ruche *très-doucement* de dessus sa table ; on la pose sur les cales placées sur l'étage vide ; on attache cet étage à la ruche avec deux ligatures en ficelles, qui ont été crochées d'avance aux clous de l'étage. Si elles ont été cirées, les tortiller suffit pour les attacher promptement. On porte de suite la ruche et l'étage sur sa table. Enfin, après avoir ôté ces deux ligatures, on retire ces cales mobiles, en soulevant la ruche avec un ciseau en forme de levier ; on retire d'abord la cale de derrière en la tournant sur le côté pour faire sortir le clou intérieur ; puis chacune des deux autres. Il faut retirer le ciseau très-lentement, pour que les abeilles aient le temps de sortir de dessous les bords. Si on est deux personnes masquées et gantées, on opère plus vite et avec moins de secousses, n'entreposant pas la ruche ; mais toujours avec les cales.

315. Pour cette opération, la plupart des auteurs conseillent d'enfumer les abeilles par-dessous. Mais cela les fatigue, la fumée ne pouvant quitter la ruche qui est close en dessus.

315 *bis*. Si on a un étage vide à placer dans le dessus en chapiteau, c'est-à-dire, sur le couvercle, on ôte chaque bouchon, qu'on renverse sur chaque trou ; puis, poussant l'étage contre ces bouchons, on les fait tomber à terre tous à la fois. De suite on place le couvercle supérieur, si on ne l'a fait d'avance.

§ 28.

Récolter le Miel.

316. C'est ici l'opération principale, celle dont la manière de procéder distingue la ruche à étages. C'est pour cette raison que nous entrerons dans les détails les plus minutieux, pour la faire mieux comprendre.

317. Il faut d'abord lire les nᵒˢ 177 et suivants, où je démontre la nécessité de laisser beaucoup de miel aux abeilles, et surtout les nᵒˢ 186 et autres adjacents, où sont indiqués l'*ordre* et les *époques* des récoltes, et comme nous y avons donné plusieurs manières de gouverner les ruches, sachez à quelle méthode est soumise celle que vous allez récolter ; le registre vous en instruira. Nous ne détaillerons ici que la manière d'opérer. On aura aussi présent à l'esprit tout ce qui concerne la piqûre des abeilles et l'usage dè la fumée (nᵒˢ 215, etc.)

318. Cependant nous croyons devoir répéter ici qu'en octobre il faut laisser aux ruches environ un étage de miel (5 kilogrammes), pour leur nourriture d'hiver et du printemps.

319. A la fin de mars, s'il ne leur en reste pas au moins la valeur d'un demi-étage, il faudra, suivant la saison, les nourrir (nᵒ 185 et autres).

320. On ne prendra un étage qui aurait été ajouté vide par-dessus, que lorsqu'il aura été rempli de constructions depuis un mois, afin que le couvain en soit éclos, et qu'ensuite il ait été bien rempli de miel.

320 *bis*. Quand on trouve du couvain, on se hâte de

replacer sur la ruche l'étage qui en contient une certaine quantité.

321. Pourvoyez-vous d'avance de tous les instruments nécessaires, pour qu'ils se trouvent parfaitement en état au moment de l'opération. Ce sont : 1° le masque et les gants (n° 226), quoiqu'on puisse souvent s'en passer, si le temps est favorable ; 2° d'une chaufferette ayant quelques charbons ardents ; 3° des tenailles d'horloger ou de pinces plates pour délier le couvercle et les étages ; 4° un couteau court pour commencer la séparation et pour démastiquer ; 5° deux ou trois fils d'archal pour séparer le couvercle et les étages. Voyez-en la description, n° 322 ; 6° des chiffons de linge, en quantité suffisante pour obtenir longtemps une fumée bien épaisse. A leur défaut, quoique moins bons, la bouse sèche, le foin, les freluches, les coquilles de noix, peuvent servir ; 7° un ou plusieurs coins de bois dur, sec, et aminci, pour aider au passage du fil d'archal ; 8° l'enfumoir, son soufflet et son tiroir à fumée, dont on donnera la description, n° 323 ; 9° quatre crochets pour tenir le tiroir à fumée soulevé, décrits n° 327 ; 10° des plumes d'ailes pour chasser les abeilles qui seraient restées dans l'étage enlevé ; 11° des ligatures ; 12° des étages vides, des couvercles ; 13° des allumettes ; 14° des linges pour transporter les étages enlevés ; 15° enfin le registre pour reconnaître les ruches, et pour y écrire les opérations (v. n° 240).

322. *Le fil d'archal* est un fil de laiton ou de fer, de la grosseur d'un gros fil retors. Il est recuit et assoupli, en le faisant légèrement rougir au feu. Sa longueur est d'environ 60 centimètres, ayant un petit manche ou bâton à chaque bout. Il faut en avoir plusieurs en cas que l'un vienne à se rompre dans l'opération. Les auteurs propo-

sent de remplacer le fil d'archal par une petite scie à lame mince, large de 8 à 10 millim. Je ne l'ai pas essayée.

323. *L'enfumoir* est un instrument indispensable pour opérer sur les ruches à étages. Il est composé du *fourneau*, du *soufflet*, et du *tiroir à fumée*. (V., fig. 7, l'enfumoir, n° 325.)

324. Le fourneau, dans lequel on met des chiffons de vieux linge, avec un charbon allumé, est en tôle, cloué, agrafé et même brasé. Il est formé de deux entonnoirs de 16 centim. de diamètre, liés ensemble par une charnière, s'emboîtant bien l'un avec l'autre par une gorge d'un centimètre, et se fermant par un crochet comme une lanterne. En dedans, à quelque distance du fond de chaque entonnoir, on place une grille en tôle, percée comme une écumoire, mobile et s'engageant à volonté, en les tournant et les engageant sous de petites plaques clouées en dedans des entonnoirs. On les ôte pour enlever la suie. Celle où sort la fumée doit avoir de plus gros trous. Au bout de l'un des entonnoirs, on brase un tuyau de 4 centim. de long, dans lequel puisse s'engager solidement, et à volonté, le bout d'un petit soufflet ordinaire. Au bout de l'autre entonnoir, est également brasé un tuyau de la grosseur intérieure d'un centimètre, long de 5 centimètres. On se sert de cet instrument en faisant mouvoir le soufflet doucement et lentement, jetant une fumée bien épaisse ou intense. On y met de temps en temps du linge avec peu de feu. A défaut de linge, du foin, des freluches, des coquilles de noix peuvent servir, mais valent moins. On vérifie et *ravive* la fumée de temps en temps, pour la rendre plus épaisse, soufflant vivement en l'air; mais ensuite très-lentement dans le tiroir à fumée.

9

325. Je trouve que cet enfumoir, décrit par Beaunier, et dont je me sers, est trop difficile à ouvrir pendant l'opération ; je veux essayer un cylindre ayant une porte fermant comme celle d'un brûloir à café. (V. fig. 7.)

326. Le *tiroir à fumée* qu'on place sur la ruche pour faire descendre les abeilles est de ma façon, bien différent de celui de Baunier : c'est un tiroir renversé, en bois léger, épais d'environ un centimètre et quart ; c'est un cadre de 37 centimètres de long et de large intérieurement, sur une hauteur de 14 centimètres, recouvert d'une planche clouée dessus. Cette planche est percée au milieu d'un trou de deux centimètres, pour y passer la cheville lorsqu'on abouche ce tiroir sur la ruche. On fait ensuite entrer la fumée dans ce tiroir, avec le bec de l'enfumoir, par un autre trou fait tout à fait en bas, vers le bord inférieur d'un des côtés. La fumée se répand alors tout autour de la ruche, en dedans du tiroir qui en est éloigné tout le tour de quinze millimètres. Pour que cette fumée ne s'échappe pas par-dessous, on a cloué sous les quatre bords du tiroir quatre bandes de cuir, maroquin ou basane, qui viennent à deux centimètres frotter contre la ruche ; une rondelle de cuir percée l'empêche aussi de s'échapper autour de la cheville.

327. Pour opérer, on ne place ce tiroir sur la ruche qu'après avoir détaché le couvercle, avec le fil d'archal, sans fumée, et sans le soulever encore, comme on le verra plus bas. Le tiroir placé doit rester lui-même soulevé au-dessus du couvercle et du porte-cheville d'environ trois centimètres. Pour soutenir ainsi ce tiroir, on a quatre crochets, supports faits avec du fil de fer fort, n° 19, pouvant cependant être ployé avec les pinces rondes. On le courbe de manière à pouvoir être croché au clou supérieur de l'é-

tage à enlever : la tête non enfoncée de ce clou le retiendra ; puis à trois centimètres plus bas, et au-dessus du clou inférieur de l'étage, on recourbe le fil de fer en avant, à angle droit, et on le coupe de sept à huit centimètres de long. On met de semblables crochets ou supports aux quatre côtés de l'étage, de manière qu'en y plaçant le tiroir à fumée, il repose sur ces fils de fer, et reste soulevé de quatre centimètres. Cet espace de quatre centimètres au-dessus de la ruche est laissé pour que, après qu'on a soufflé, par le trou du bas-côté du tiroir, une fumée bien intense, qu'on obtient en ne soufflant que lentement à grandes bouffées, on puisse soulever le couvercle doucement, en saisissant la cheville ; alors, avant que les abeilles aient pu s'échapper, la fumée entrera dans le dessus de la ruche et les fera descendre plus bas. On tiendra ce couvercle soulevé, en piquant la cheville avec une alène, ou mieux avec un crochet pointu, cloué et mouvant sur le tiroir ; ensuite, après avoir ravivé l'enfumoir, on continuera à envoyer lentement de la fumée dans le tiroir. pendant environ une minute. Si on soufflait trop fort, on enverrait trop d'air, et la fumée serait moins épaisse ; et si on soufflait sans reprises, la fumée, dépassant les abeilles, les ferait remonter. Quand on se sert d'anneaux à vis, n° 242, ils remplacent les crochets de supports pour soutenir le tiroir à fumée.

328. On réussira toujours, lorsqu'on enverra lentement une fumée bien épaisse et à plusieurs reprises. Lorsqu'on verra les abeilles sortir en foule par le bas, on s'arrêtera ; mais n'anticipons pas. Voici comment, avant d'enfumer, on a dû détacher le couvercle.

329. Un des points les plus essentiels pour réussir, en été, c'est le choix du jour pour opérer. Par un vent du sud,

ou de l'ouest, les abeilles sont très-farouches ; mais par un vent du nord, avec beau temps, elles ne piquent guère, toutes occupées de leurs travaux. On examinera donc le temps dès la veille, consultant le baromètre et la girouette. Si, au moment d'agir, les abeilles sont farouches, renvoyez l'opération à un autre jour. Si, au contraire, le temps est trop froid, choisissez un jour de soleil, afin que les abeilles qui sortiront puissent regagner leur ruche.

330. L'heure de l'opération sera depuis le lever du soleil jusqu'à 8, 9 ou 10 heures, moment où il y a beaucoup d'abeilles en campagne. La récolte du miel n'interrompt pas même leurs travaux, quand le temps est propice.

331. *Manière d'opérer.* — Commencez par rendre la ruche solide et fixe sur sa table, au moyen des petits coins qui s'y trouvent. La table sera également bien assujettie aux piliers. Avec les pinces plates, ou les tenailles coupantes, déliez le couvercle et l'étage supérieur d'avec le suivant. Avec le couteau, enlevez le mastic ou bouse qui pourrait gêner le passage du fil d'archal. Agissez tranquillement, sans bruit et surtout sans secousses, vous tenant presque toujours derrière la ruche. Ensuite, avec le fil d'archal, séparez le couvercle d'avec la ruche ; pour cela, placez-vous derrière la ruche ; enfoncez le couteau sous le couvercle, à l'angle gauche du derrière, le soulevant de l'épaisseur de la lame ; insérez le fil d'archal à la place du couteau, sous cet angle soulevé, pour y passer le fil d'archal et y accrocher un de ses manches ; faites-en autant à l'angle gauche du devant, sous lequel vous insérez le fil de fer. Alors, tirant le fil de fer par la droite, faites-le passer sous le couvercle. Mais il y aura bientôt résistance, et le fil d'archal se romprait ; pour qu'il puisse passer par la droite,

mettez le coin derrière lui, l'insinuant en le remuant, pour qu'il soulève un peu le couvercle ; faites avancer le fil de fer ou d'archal ; revenez au coin que vous replacez aussi, toujours en avançant de gauche à droite, derrière le fil de fer. Ayez soin cependant de ne pas trop soulever avec le coin, pour ne pas rompre les rayons ; à mesure que vous soulevez un peu, tirez à vous le fil d'archal, toujours par la droite, en appuyant la ruche contre vous pour ne pas la déranger ; faites ainsi le tour du couvercle, qui à la fin se trouvera détaché.

332. Le couvercle étant détaché, il faut avoir soin de ne pas le soulever, et ne pas faire sortir d'abeilles, qui piqueraient infailliblement.

333. Placez alors le fil d'archal entre les deux étages aux deux angles, comme on vient de le dire pour le couvercle, mais sans le faire avancer davantage pour le moment ; placez les quatre crochets-supports, et faites-y reposer le tiroir à fumée, à moins que les quatre anneaux à vis ne le supportent, ce qui est même plus solide ; tournez ce tiroir de manière à ce que le trou à enfumer soit sur le derrière.

334. Mettez du feu dans l'enfumoir ; avivez en soufflant vivement en l'air. Lorsque la fumée sortira bien épaisse, soufflez par le trou du tiroir, lentement à grandes bouffées. Après une demi-minute, lorsque vous croirez le tiroir bien rempli de fumée, soulevez le couvercle en tirant la cheville doucement, et, avec l'alène ou le crochet pointu, fixez-le contre le haut du tiroir ; puis enfumez comme on l'a dit plus haut, pendant environ une minute, à plusieurs reprises, jusqu'à ce que les abeilles sortent en foule pardessous.

335. Alors les abeilles étant en état de bruissement, ne piquant plus, vous pouvez regarder dans la ruche, si vous le voulez , en enlevant le tiroir ; le tiroir remis, enfumez quelques instants après avoir ravivé l'enfumoir ; enfin, séparez l'étage du suivant avec le fil de fer et le coin, de la même manière que pour le couvercle, n'enfonçant pas trop le coin, pour ne pas rompre les rayons. Enlevez le tiroir à fumée; enlevez l'étage ; posez-le renversé sur un endroit plane ; placez sur la ruche, ou un étage et son couvercle, ou un simple couvercle, suivant qu'il est besoin (v. 186); ôtez et rangez les crochets-supports, de crainte de les égarer, etc.

336. S'il reste quelques abeilles dans l'étage enlevé, on les fera tomber à terre, en leur soufflant fortement dessus, ou bien on se servira d'une plume de coq. Bientôt, s'il fait assez chaud, elles reprendront leur vol vers la ruche, après s'être désengluées et léchées.

On opérera ainsi sur plusieurs ruches , tant que les abeilles seront traitables; mais vers le milieu du jour, il est rare qu'elles le soient ; s'il reste quelque ruche, on renvoie au lendemain.

On lie ; on mastique ; on écrit sur le registre à ce destiné (nᵒ 240).

337. Résumé de l'opération :

1ᵒ Préparer les instruments ;

2ᵒ Choisir le jour ;

3ᵒ Consolider la ruche ;

4ᵒ Délier et démastiquer ;

5ᵒ Placer les deux fils d'archal ;

6ᵒ Placer les crochets-supports ou des anneaux à vis ;

7ᵒ Détacher le couvercle ;

8° Placer le tiroir à fumée ;

9° Enfumer ;

10° Soulever et fixer le couvercle ;

11° Enfumer ;

12° Regarder dans la ruche ;

13° Enfumer ;

14° Détacher l'étage ;

15° Enfumer un peu ;

16° Enlever le tiroir ;

17° Enlever l'étage ;

18° Placer sur la ruche, etc. ;

19° Ecrire sur le registre.

338. *Récolter ou enlever un chapiteau.* — S'il y a lieu d'enlever un étage plein de miel, qui ait été ajouté en chapiteau (188) sur un couvercle dont les trous sont débouchés, on pourra se dispenser de se servir de fumée. De bon matin, sans toucher au couvercle supérieur, on déliera le chapiteau ou étage à enlever d'avec le couvercle de la ruche. Avec le couteau, on soulèvera et détachera cet étage tout le tour. Si on sent que les constructions sont adhérentes au couvercle inférieur, on passera de suite un fil d'archal. On mettra des cales d'un ou deux millimètres, pour qu'une heure après, ou le lendemain matin, la fraîcheur ait fait descendre les abeilles ; puis on passera entre deux, sur la rangée des trous, une feuille de fer-blanc ou de tôle, large de 7 à 8 centimètres, longue de 38 à 40. On attendra environ dix minutes, pour que les abeilles qui seraient restées dans le chapiteau aient eu le temps de se calmer, en reconnaissant que la communication intérieure leur est interdite. Si le chapiteau n'était pas adhérent, on l'enlèverait sans tant de précaution. Bouchez les trous, etc.

S'il y a beaucoup d'abeilles dans le chapiteau, c'est une preuve que leur travail n'y est pas achevé ; alors, si la saison est encore favorable, on le replace de suite.

339. *Récolter du miel dans les ruches anciennes d'une seule pièce.* — On ne peut y récolter en été, ou le miel serait blanc. — En octobre, ou plutôt à la fin de mars, au soleil levant, par un temps frais, mais devant être chaud le jour, avant que les abeilles soient en mouvement, mettez la ruche sur un linge, à terre ; retroussez ce linge et attachez-le fortement autour de la ruche ; couchez la ruche sur une chaise, à quelques pas du rucher ; ôtez la planche ou couvercle avec un ciseau ou des pinces, commençant par le bas, en faisant en même temps monter de la fumée par-dessous avec une chaufferette garnie de feu et d'objets à faire de la fumée bien épaisse, telles que coquilles de noix. La fumée, entrant par la fente, fait reculer les abeilles à mesure qu'on ouvre, et on finit par enlever tout à fait le couvercle. Soufflez, avec la bouche, sur la fumée pour la pousser dans la ruche peu à peu par bouffées et intervalles séparés, afin de faire reculer les abeilles des rayons, qu'on taille avec un fer à tailler ou une serpette. Il faut laisser aux abeilles suffisamment de miel pour leur nourriture, jusqu'à ce que les nouvelles fleurs aient du miel ; remettez le couvercle, déliez le linge et jetez-y de la fumée par-dessous, et ôtez-le tout à fait. Taillez de la même manière, et rognez de ce côté-là cinq à six centimètres de vieille cire, ôtant bien les teignes et les rayons moisis. Enfin, remettez la ruche en place, tournée du même côté qu'elle était.

340. On ne peut renouveler la cire du centre de la ruche. Après plusieurs années, on fera bien de transvaser comme nous l'avons expliqué plus haut.

§ 29.

Des Essaims.

341. C'est par les essaims que se multiplie le nombre des ruches ; c'est par conséquent un des objets les plus importants à soigner.

342. La saison des essaims est en mai, juin et même juillet, suivant la contrée. Elle s'annonce par l'apparition dans les ruches des premiers mâles ou bourdons, qui ne sortent que vers le milieu du jour.

343. *A qui appartiennent les essaims trouvés.* — 1° Les essaims appartiennent à celui qui *les suit* sur le terrain d'autrui, où il a droit de les recueillir, en payant le dommage qu'il peut causer ; 2° Si un essaim, qui n'a pas été suivi, est trouvé par quelqu'un, il appartient pour moitié de sa valeur à celui qui le trouve, et pour l'autre moitié, à celui sur le terrain duquel il a été trouvé. On le licite, comme impartageable, étant mis à l'enchère entre les deux parties (Cod. civ., 716 et autres) ; 3° S'il a été suivi, soit par le propriétaire de la ruche, soit par celui qui l'aperçoit le premier en l'air, il peut le réclamer en entier. Le bruit que l'on fait, ou une ruche à la main, annonce qu'il est suivi ; 4° Un essaim trouvé sur un arbre planté sur un chemin ou un sol public, appartient au premier qui le trouve ; 5° Si des abeilles suivies restent 24 heures dans le creux d'un arbre, elles appartiennent au propriétaire de l'arbre ; 6° celui qui, sans avoir suivi un essaim, l'aperçoit dans un enclos, ne peut en réclamer sa part (Beaunier, p. 504).

343 bis. *Instruments pour recueillir les essaims.* — 1° Le

cône à bascule. Un cercle en bois, ou en gros fil de fer, tient ouverte la bouche d'un sac auquel il est cousu ; ce sac a le fond en entonnoir ou cône renversé. Au lieu d'un sac, il vaut mieux une trémie en bois ou en fer-blanc, large de 60 centimètres environ. Ce cône renversé est attaché par ses bords entre les deux pointes d'une fourche en bois ou en fer, entre lesquelles il roule, sa pointe toujours pendante par son poids. On y fait tomber l'essaim dedans. On peut allonger son manche en y en attachant d'autres, pour atteindre l'essaim qui serait posé sur un arbre élevé ; 2° un *croc* attaché à une perche, pour secouer la branche où l'essaim est suspendu et le faire tomber dans la ruche renversée ou dans le cône par un coup sec ; 3° des ruches toutes prêtes ; 4° des gazons, de la terre ou du sable et de l'eau, prêts à jeter au-devant de l'essaim pour l'arrêter s'il tend à s'éloigner ; 5° des goupillons en feuillages, pour lancer l'eau ; 6° du miel pour frotter le dedans de la ruche, au moment où on va y mettre l'essaim ; 7° le masque et les gants. On peut cependant s'en passer ; les essaims n'ayant pas de provisions ni de couvain à conserver, sont rarement farouches ; 8° un écran, ou grand linge, placé autour d'un cercle de tonneau attaché à une perche, pour abriter l'essaim du soleil, avant que d'être recueilli, ou abriter la ruche après ; 9° des chiffons pour enfumer la branche où était l'essaim, s'il en est besoin ; 10° un balai de plume pour faire tomber l'essaim qui serait à une grosse branche ; 11° enfin, on plante à dix ou douze pas des ruches des perches auxquelles sont attachés des fagots de sarments ou autres, à hauteur d'homme, pour y attirer l'essaim qui sort.

§ 30.

Recueillir les Essaims.

344. *Veiller à la sortie de l'essaim.* — Depuis le moment où il paraît des bourdons, c'est-à-dire en mai, juin, et jusqu'au 15 juillet ; plus tard, il est rare que les essaims sortent, et surtout qu'ils soient de quelque valeur.

345. Les essaims partent entre huit heures du matin et cinq heures du soir, plus ordinairement vers le milieu du jour.

346. Quand il y a des arbres nains près de la ruche, les essaims s'y posent presque toujours d'eux-mêmes, ce qui dispense de les garder aussi assidûment. Des fagots de sarments attachés à des perches plantées à 15 à 20 pas des ruches, m'ont souvent servi à les fixer. Il faut alors les surveiller, car un gros soleil, ou un grand vent, peut faire repartir l'essaim, qui, cette fois, irait très-loin. Les seconds essaims d'une ruche partent ordinairement dans l'espace d'une semaine ou deux après le premier.

347. *Indices de la sortie de l'essaim.* — Les indices de la sortie d'un essaim sont : 1° ceux éloignés ; 2° ceux prochains ; 3° ceux du moment. Les indices éloignés sont la grande population de la ruche et la présence des bourdons ; les indices prochains sont un grand bourdonnement qui va toujours croissant dans la ruche pendant plusieurs jours : s'il s'agit d'un second essaim, l'indice est remarquable : c'est le chant de la reine dans la ruche, semblable à un très-petit timbre, approchant du chant du grillon. On l'entend le soir, et il est suivi d'un grand bourdonnement

dans la ruche. Les indices du moment sont que quelques abeilles ressortent de la ruche avec leurs pelottes aux jambes ou cessent d'y entrer, pendant que les bourdons entrent et sortent en quantité, et qu'avec tous ces signes le temps devient tout à coup très-chaud ; si le temps redevient frais, la ruche redevient calme, et le départ est différé de quelques jours jusqu'à la première chaleur.

348. *Arrêter l'essaim.* — Quelques personnes prétendent qu'un certain sifflet dont elles se servent, et qui imite le chant de la reine, fait poser l'essaim sur les arbres voisins : je n'y crois pas.

349. Il faut laisser sortir l'essaim de la ruche à peu près entièrement avant de rien lui jeter, de crainte de le faire rentrer. La reine ne sort pas, dit-on, des premières, mais avec le gros torrent de l'essaim. Lorsqu'on voit que l'essaim qui tourbillonne au-dessus de la ruche commence à prendre une direction, on se hâte, avec le plus de monde qu'on peut, de faire du bruit (que les abeilles prennent peut-être pour un orage). Ce qui est certainement plus efficace, on jette au-dessus, et principalement au-devant de lui, des gazons, de la terre, du sable, de l'eau. S'il s'éloigne et s'élève et qu'on craigne de le perdre, on tire des coups de fusil, qui, quelquefois, le font abattre et se poser.

350. Mais dès qu'un peloton d'abeilles commence à se former sur un arbre, ou tout autre objet, on ne jette rien sur ce groupe, où la reine se trouve ordinairement : on jette sur les plus éloignées.

351. L'essaim posé, pour qu'il ne reparte pas, on l'asperge d'un peu d'eau avec un feuillage, et on le met à l'abri du soleil avec l'écran, ou un drap soutenu par des perches.

S'il s'est formé plusieurs pelotons, il y a une reine dans chacun. On les recueillera et les réunira en les versant tous devant la ruche nouvelle mise à terre.

352. *Ramasser l'essaim.* — Dès que l'essaim est bien groupé et abrité du soleil, quelques personnes attendent le soir pour le recueillir ; mais il arrive assez souvent qu'il repart dans l'intervalle, ou qu'un orage s'élève et le disperse. Je suis en usage de le ramasser de suite. — On frotte le dedans de la ruche d'un peu de miel.

353. On prend le masque et les gants, quoiqu'on puisse s'en passer, attachant les manches et le col de sa chemise où pourrait se glisser quelqu'abeille. On garde le silence et on ne fait pas de mouvements trop brusques. Une personne élève le cône sous le groupe d'abeilles , pendant qu'une autre personne secoue la branche avec le croc ou de toute autre manière, et fait tomber les abeilles dedans, s'inquiétant peu de celles qui voltigent à l'entour. Quand je n'avais pas de cône, je faisais monter quelqu'un sous le groupe, avec une échelle à trois pieds, ayant la tête recouverte d'un drap, et portant dessus un van à vanner le blé, dans lequel on faisait tomber les abeilles. On verse ensuite ces abeilles, de ce van ou du cône, devant la ruche vide placée sur sa table, à terre, sous l'arbre, mettant quelque objet pour leur aider à s'y rendre s'il y a quelque distance. En moins de quelques minutes, on voit les abeilles s'acheminer et entrer dans la ruche où elles montent en procession. L'essentiel est que la secousse ait fait tomber la reine, et cela ne réussit que lorsque la branche est légère. Si elle est un peu forte, il faut, avant de secouer, se mettre à portée du groupe, avec des échelles, muni, au besoin, d'un masque ; l'asperger un peu avec de l'eau ; secouer

la branche pour faire tomber dans le cône placé le plus près possible sous le groupe ; puis, avec un petit balai de plumes mouillé, manié doucement, y faire tomber aussi les abeilles qui restent, parmi lesquelles se trouve souvent la reine. Si la reine restait à la branche, les abeilles y retourneraient, ce que j'ai vu arriver plusieurs fois.

354. Si on remarquait qu'il se formât un nouveau groupe à la branche, on le recueillerait de même, et l'on enfumerait la branche, ou bien on y attacherait un paquet de camomille ou marguerite sauvage. Si l'essaim est fixé à un fagot, on le secoue devant la ruche ; s'il est dans un buisson, on y place la ruche dessus. Le plus embarrassant, c'est lorsque l'essaim est placé contre le tronc d'un arbre ou d'une grosse branche. On le fait tomber dans le cône avec un balai de plumes mouillé, ou mieux une forte plume d'aile de coq d'Inde ; si elles se trouvent dans le creux d'un arbre ou dans un trou de mur, on y enfonce un rameau qu'on a préalablement plongé dans un mélange de miel et d'eau, et quand il est chargé d'abeilles, on le retire doucement et on le place sous la ruche soulevée par quelques pierres ; on y plonge ainsi successivement plusieurs autres rameaux, jusqu'à ce qu'on ait retiré toutes les abeilles ; mais si on ne peut avoir la reine, l'opération est manquée.

355. On peut être assuré que l'opération a réussi, et que la reine est dans la ruche, lorsqu'on voit des abeilles sonner le rappel, en battant des ailes, la tête baissée contre l'entrée de la ruche, élevant en l'air leur extrémité postérieure. Alors toutes les abeilles qui voltigent éparses, s'y rendent peu à peu. Je ne porte la ruche à la place qu'elle doit occuper que sur le soir, parce qu'il y a déjà des abeilles qui sont allées en campagne, et qui ne retrouveraient

plus la ruche. Mais j'oriente la ruche comme elle doit être, et je place de suite les liteaux de derrière et des côtés, afin que les abeilles dirigent leurs rayons du derrière au devant.

356. On a intérêt à reconnaître quelle ruche a essaimé; pour cela, si on n'a pas vu sortir l'essaim, on soulève la ruche et l'on y trouve peu d'abeilles et les rayons à découvert. On en prend note sur le registre, au numéro de la ruche (240).

357. *Essaims mêlés en sortant.*—S'il n'y en a que deux ensemble, on ne les sépare pas; les essaims sont rarement trop gros.

358. Quand un essaim se jette dans une autre ruche que la mère qui l'a produit, il y cause souvent un grand désordre. Pour l'apaiser, il faut se hâter d'enfumer la ruche et les alentours. L'essaim y reste; une des reines est tuée, et la ruche n'en est que meilleure, si elle a résisté au premier choc.

359. *Réunir les essaims faibles ou tardifs.* — Lorsqu'on a plusieurs essaims faibles ou tardifs, sortis le même jour, on en réunit deux ou trois dans une même ruche. Sans cela, les essaims faibles ou tardifs périssent ordinairement.

360. Si l'un était déjà établi depuis plusieurs jours, la chose demanderait plus de précautions, sans quoi les abeilles se livreraient à des combats meurtriers. Enfumez bien l'essaim le plus ancien et le mettez à l'état de bruissement; renversez sa ruche la bouche en haut; aspergez-y les abeilles avec de l'eau miellée; abouchez dessus la ruche du nouvel essaim; frappez sur cette ruche pour faire tomber les abeilles dans l'autre; ôtez la ruche de l'essaim

nouveau ; renversez une table sur la ruche ancienne ; retournez la table et la ruche dans leur sens naturel, et fermez momentanément toute sortie avec des liteaux. Ouvrez l'entrée un moment après. Les abeilles de l'ancienne ruche, en état de bruissement, auront assez à faire, à se lécher et se laisser lécher par les autres. Une des reines sera tuée, et les deux essaims n'en feront plus qu'un.

361. Au reste, les réunions sont dangereuses : elles peuvent amener le pillage dans tout le rucher, si on n'a pas soin de rétrécir les entrées des ruches pendant quelques jours.

§ 31.

Faire des essaims artificiels.

362. On obtient les essaims artificiellement en séparant la ruche en deux, au moment où elle est prête à essaimer naturellement.

363. C'est un avantage que n'ont pas les ruches anciennes, d'une seule pièce ; on n'est pas obligé de garder les ruches pour veiller à la sortie des essaims.

364. Mais cette opération, qui bouleverse les ruches, occasionne quelquefois le pillage dans le rucher. D'une autre part, si on se trompe et qu'on opère sur une ruche qui n'était pas prête à essaimer, on court risque de perdre la mère et l'essaim. Je ne la pratique plus. Cependant, pour que mon ouvrage soit complet, je dois en donner la description.

365. On ne réussit à faire un essaim artificiel, qu'autant qu'on emporte la reine avec beaucoup d'abeilles, et qu'on

laisse à la ruche presque tout le couvain pour remplacer la reine et les abeilles.

366. On place, la veille ou quelques heures avant l'opération, deux étages vides sous la ruche ; puis on lève le couvercle comme pour prendre le miel ; on place le tiroir à fumée, et on enfume plus longtemps que pour le miel, mais lentement et avec des bouffées bien intenses, pour faire descendre la reine et les abeilles. Ensuite, avec le fil d'archal, qu'on a commencé à placer d'avance, on sépare, prenant deux étages du bas de la ruche, outre les deux ajoutés. On souffle encore de la fumée, on remet le couvercle. On enlève la partie supérieure qu'on met sur une nouvelle table. La partie inférieure, recouverte d'un étage vide garni d'un couvercle, est emportée, avec sa table, à l'autre bout du rucher, comme essaim. La partie supérieure est mise, avec sa table, à l'ancienne place. On aura réussi si on a emporté la reine. L'essaim sera manqué si elle n'a pas voulu quitter le couvain. On gouvernera ces ruches comme des essaims (n° 186).

367. On peut opérer d'une autre manière : séparer le couvercle, et, sans l'enlever, faire glisser sur la ruche deux étages vides garnis d'un couvercle. On opère cette substitution sans fumée. Puis, de suite, enfumez fortement la ruche par-dessous, par bouffées bien intenses, pour faire monter la reine et les abeilles ; agissez par intervalles ; faites de temps en temps échapper la fumée par-dessus. Avec le fil d'archal séparez un étage supérieur de la ruche outre les deux ajoutés. Enfumez encore beaucoup, enlevez et *emportez* ces trois étages supérieurs où doit être la reine et beaucoup d'abeilles, etc. L'activité n'y renaîtra que quelques jours après.

QUATRIÈME PARTIE.

Manipulation et usage du Miel et de la Cire.

§ 1ᵉʳ.

Couler le miel.

368. On obtient ordinairement trois sortes de miel : 1° du miel pour être mangé en rayons ; 2° du miel vierge ; 3° du miel chauffé.

369. Pour avoir le *miel propre à être mangé en rayon*, on choisit parmi les étages pleins ceux dont le miel et la cire sont les plus blancs. On place l'étage sur une table. Après l'avoir retourné, on dégage les baguettes avec un couteau ou un fer recourbé, et on les sort de place, en les repoussant avec une autre, à petits coups de marteau.

370. Quand les baguettes sont ôtées, on passe une lame de couteau, tout le tour, entre l'étage et les rayons, qui restent dégagés sur la table, lorsqu'on enlève l'étage. On lave et on râtisse l'étage et les baguettes.

371. *Le miel vierge* est coulé sans feu. Pour l'obtenir

le meilleur possible, il faut choisir les étages, et avoir égard
aux saisons et aux fleurs qui l'ont produit. En effet, le miel
le plus blanc est le plus recherché. Tel est celui de Narbonne, produit par des fleurs aromatiques, notamment par
la lavande sauvage. Tel est aussi celui de plusieurs vallées
des Alpes où cette plante abonde. Cependant, il est des
miels bruns qui sont d'un goût excellent, et des miels
blancs qui sont médiocres. Cela dépend des espèces de
fleurs qui les ont produits. En général, dans nos contrées,
le miel d'été est le plus blanc, surtout celui produit par la
fleur du sainfoin ou esparcette. Le miel cueilli en automne
ou en mars est ordinairement brun, parce qu'il est le produit
de la dernière fleur abondante à la fin de l'année, celle du
blé noir ou sarrasin.

372. Pour obtenir le miel vierge, je m'y prends ainsi :
sans ôter les baguettes des étages, je coupe, avec un couteau, toute la cire qui recouvre les alvéoles, de chaque
côté des rayons, pour en faire couler le miel, renversant
l'étage sens dessus dessous pour qu'il en sorte mieux,
opérant ainsi, à mesure que je place chaque étage, de la
manière suivante : près d'un poêle, dans un appartement
où les abeilles du dehors ne puissent pénétrer, je place un
grand coupon ou autre vase un peu plus large qu'un étage;
je monte, des deux côtés, des briques entassées à quelques
centimètres plus haut que le vase. Je mets sur ces briques
deux traverses ou planches, laissant un vide carré au milieu, un peu plus large qu'un étage. Sur ces traverses, je
pose un crible en tôle; dans ce crible, je place une toile
métallique claire; sur cette toile j'entasse, les uns sur les
autres, cinq à six étages, préparés et renversés comme je
viens de le dire. Après vingt-quatre ou quarante-huit heu-

res, le miel qui peut couler sera égoutté ; je le verse du vase dans des pots. Quelques semaines ou quelques mois après, il se durcit comme du beurre ; je dis quelques mois après, parce que le miel récolté en été est, le plus souvent, liquide comme de l'huile ; ce n'est que lorsque l'hiver approche qu'un froid sec le fait durcir. On le conserve dans un lieu frais *mais aéré et sec :* les caves profondes sont toujours humides en été ; le miel en rayons s'y gâte, même celui coulé.

373. *Le miel chauffé ou de seconde qualité.* Pour l'obtenir, on ôte les baguettes des étages dont le miel vierge est égoutté, et l'on en prend les rayons ; on y joint les rayons d'étages qu'on avait jugé trop noirs ; on les met tous dans un chaudron, sur un feu assez doux pour qu'on puisse pétrir, avec les mains, le miel et la cire, sans se brûler les doigts. Quand le tout est assez chauffé, bien pétri et bien liquide, on le verse dans un *sac* de grosse toile, mi-claire, dont le fond est cousu en pointe. Ce sac est suspendu par une corde attachée au plancher, devant le feu, au-dessus d'un vase. Alors deux personnes pressent le sac entre deux bâtons unis, en les faisant glisser de haut en bas du sac. Le miel en sort et coule dans le vase. On le verse dans des pots. Après un ou deux jours, il se couvre d'écume que l'on enlève, de crainte qu'elle ne le fasse gâter.

374. On fait un dernier miel en lavant les résidus et les instruments dans de l'eau tiède ; on passe cette eau à travers le sac ; on la fait bouillir ; on l'écume, et on la réduit à la consistance de sirop. Il sert à nourrir les abeilles au printemps ; donné en automne, il pourrait se gâter dans la ruche, qui a de la chaleur.

375. *Usages du miel.* Le miel est une substance gommo-sucrée très-nourrissante. Il convient aux bons estomacs. Les autres doivent en manger peu à la fois. Quand il est blanc, on en fait du nougat avec des amandes ou des noix. On en fait des confitures aux noix vertes qui sont très-bonnes. En médecine, il est salutaire et vaut mieux que le sucre pour les tisanes. Il est adoucissant et *détersif*, etc. Avec le miel de seconde qualité, on fait du cirage pour la chaussure. (V. *Cirage*, dans les recueils de recettes.)

§ 2.

Fondre la Cire.

376. Après avoir extrait le miel, émiettez la cire pour la laver dans de l'eau chaude à y supporter la main, et la démieller complétement ; retirez-la en en formant des boules, la pressant entre les mains. C'est en cet état que les gens de la campagne la vendent. On ne doit pas la garder longtemps ainsi, parce qu'elle s'altère sans être purifiée.

377. Dans les pays où il y a beaucoup d'abeilles, comme dans l'ouest, on a des pressoirs pour la cire. On en trouvera la description dans les auteurs. Je ne parlerai ici que de moyens à la portée de tout le monde, non du marchand de cire, mais du propriétaire de ruches qui veut couler celle de sa récolte.

378. Mettez cette cire dans un sac de toile forte et demi-claire : une toile de corde est excellente. Après avoir attaché la gorge du sac près de la cire, plongez ce sac, dont vous retenez la gorge, dans une chaudière d'eau bouillante.

Qu'elle ne soit pas trop pleine, de crainte de verser la cire fondue et de mettre le feu ; qu'il y ait trois ou quatre fois autant d'eau que de cire. Faites bouillir doucement, sans coup de feu, qui brûlerait la cire et la rendrait cassante au lieu d'être onctueuse. Ayez à votre portée de l'eau froide pour, au besoin, modérer le bou. De temps en temps retournez le sac jusqu'à ce que vous soyez convaincu que la chaleur a pénétré jusqu'au centre de la masse de cire. Pendant ce temps, on prend, avec une cuiller à pot, la cire fondue qui a passé à travers le sac, et on la verse dans un vase où il y a de l'eau chaude. Ce qui reste de cire dans le sac, on l'extrait par la pression, avec un pressoir à main, décrit par Beaunier ; le voici :

379. Ce pressoir est une table inclinée en pente sur le devant, ayant deux pieds beaucoup plus élevés que les deux autres. Elle est d'environ 65 centim. en carré. Sur le côté gauche est attaché, avec une attache mobile, un bâton ou levier. On met sur cette table le sac sortant de la chaudière bouillante, et on le presse avec le levier qu'on fait glisser sur le sac de haut en bas. Pour rendre l'instrument plus commode, on a cloué sur la table une planche de 2 ou 3 centim. d'épaisseur, de la grandeur du sac, sur laquelle on le place. Les bords de la table sont également élevés, par des liteaux qu'on y cloue tout le tour, sauf dans le milieu de la partie basse pour faire écouler la cire dans le vase d'eau chaude. La cire sort ainsi du sac pressé, autour de lui, dans un espace ou chéneau de 5 à 6 centim. de large, pour se rendre dans le vase. Lorsque le sac se refroidit, on le plonge de nouveau dans la chaudière d'eau bouillante pendant quelques moments, après quoi on recommence à presser, tenant la gorge du sac de la main

gauche, et le levier de la main droite. Quand on verra qu'il ne sort plus qu'une cire noirâtre, on la fera couler dans un autre vase d'eau chaude, pour avoir une seconde qualité.

380. Pour mettre la ciré en pains, on la jettera dans une chaudière d'eau bouillante, bien propre. On la fera fondre. On aura des moules qui seront des plats creux, dans le fond desquels on aura mis un peu d'eau bouillante. On en mouillera les bords des plats, et avec une cuiller à pot, on y versera la cire fondue qu'on aura ôtée de dessus le feu, de crainte qu'en en versant, on enflamme la masse. Les plats étant mis en lieu de sûreté, on aura soin de repousser l'écume sur les bords, s'il y en a. Quarante-huit heures après, les pains seront refroidis. Alors on les enlèvera et, avec un couteau, on en enlèvera l'écume des bords, et on râclera le dessous, pour en séparer une cire grossière et salie. Ces résidus de cire servent à faire du goudron de bouteille, de l'enduit fondu pour rendre les souliers imperméables après les avoir fortement chauffés, etc.

381. On peut faire des bougies jaunes avec la cire, si on ne trouve pas à la vendre avantageusement.

CALENDRIER
DE L'APICULTEUR.

CALENDRIER DE L'APICULTEUR,

Les Soins à donner aux Abeilles et les Epoques convenables.

382.

	ÉPOQUES.
Rucher; l'établir, n° 229 de l'ouvrage.......	Quand on en a besoin.
Visiter les ruches, 240....................	Souvent.
Sonder et peser, 247.....................	Au besoin.
Acheter des abeilles, 252.................	Mai. Février. Octobre.
Transvaser des ruches dans d'autres, 255....	Mai.
Transporter des ruches, 256..............	Février. Décembre.
Consolider les ruches, 272	Au besoin.
Pluie, humidité; en garantir les ruches, 275.	Au besoin.
Mastiquer les ruches, 273	Au besoin.
Entrée, grande, petite, ou fermée, 265......	Suivant la saison.
Fausses-teignes; les détruire, 261......... .	Printemps. Eté. Automne.
Air; en donner plus ou moins, 269........	Suivant la saison.
Eau; en fournir aux abeilles, 260.........	Printemps. Eté.
Terrain; le nettoyer autour des ruches, 276..	Au besoin.
Poules, oiseaux, guêpes; en garantir, 278...	Au besoin.
Cire; enlever et récolter la vieille, 279 *bis*....	En petit gel, de Novembre à Mars.
Tables; les nettoyer, 280.................	En petit froid.

FIN.

9 782014 441734